十月红二号红菜薹

华红一号红菜薹

红菜薹早熟株
系——834-1

红菜薹根

红菜薹初生莲座叶

红菜薹花：左为雄性不育，右为正常花

工人在剥红菜薹花蕾授粉

红菜薹自交不亲和果枝：下部为花期授粉，上部为蕾期授粉

蜜蜂在采红菜薹花蜜，也在传播花粉

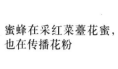

感染病毒的红菜薹植株

红菜薹三种叶片：中为基生莲座叶，右为次生莲座叶，左为再生莲座叶

红菜薹嫩薹

3

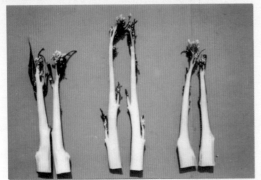

中间薹未受冻，左右薹轻
微受冻，但不影响食用

十月红二号红
菜薹小株采种

红菜薹中株越
冬采种植株

红菜薹育种
种质资源圃

4

红菜薹优质高产栽培技术

晏儒来 编著

金盾出版社

内 容 提 要

本书由华中农业大学园艺林学学院教授、知名红菜薹研究专家晏儒来编著。内容包括红菜薹的形态特征、生长发育阶段、对环境条件的要求、主要栽培品种、栽培基本技术及长江流域、华南地区、北方地区的具体栽培技术、品种的混杂退化与复优、常规品种种子生产、杂种一代种子生产、病虫害及其防治等17章。该书内容系统丰富，文字通俗简练，先进性、实用性和叮操作性强，对广大菜农发展红菜薹生产具有积极指导作用，亦可供农业院校园艺专业师生阅读参考。

图书在版编目(CIP)数据

红菜薹优质高产栽培技术/晏儒来编著．—北京：金盾出版社，2009.9
ISBN 978-7-5082-5937-6

Ⅰ．红…　Ⅱ．晏…　Ⅲ．菜薹—蔬菜园艺　Ⅳ．S634.5

中国版本图书馆 CIP 数据核字(2009)第 137677 号

金盾出版社出版、总发行
北京太平路 5 号(地铁万寿路站往南)
邮政编码：100036　电话：68214039　83219215
传真：68276683　网址：www.jdcbs.cn
封面印刷：北京精美彩色印刷有限公司
彩页正文印刷：北京印刷一厂
装订：永胜装订厂
各地新华书店经销
开本：850×1168 1/32　印张：5.25　彩页：4　字数：120 千字
2009 年 9 月第 1 版第 1 次印刷
印数：1～10 000 册　定价：9.00 元

(凡购买金盾出版社的图书，如有缺页、倒页、脱页者，本社发行部负责调换)

目　录

第一篇　基础篇

第二篇　红菜薹栽培

第三篇　红菜薹种子生产

第四篇　红菜薹病虫害及其防治

第一篇　基　础　篇

第一章　概　述

据曹流(2004)报道,关于红菜薹的栽培起源,有一个美丽的传说。1700多年前,洪山脚下的小村子里有一对青年情侣,阳春三月到洪山游玩,被人称"恶太岁"的武昌守备之子杨雄碰见。杨雄见姑娘十分漂亮,便令兵勇抢走了她。小伙子奋力拼打,救出姑娘后一直往山下跑,不料二人却被乱箭射死,鲜血染红了脚下的土地。杨雄见出了人命,策马欲逃,却突然出现一道雷电,将杨雄一伙劈死在山腰。事后,乡亲们把这对情侣安葬在死难的地方,常常祭扫。当年10月,坟头上长出两株紫红色的小苗。由于乡亲们浇水、施肥,坟堆周围很快长满了这种红色的小苗,恰好年底遇上灾荒,这对青年情侣托梦给饥寒交迫的乡亲们,让大家采食他俩变成的紫红色小苗即"洪山红菜薹"度过了荒年。从此,家家户户采集其种子,在自家菜园里种植,还挑到武昌城里去卖。城里人吃到这种稀有的蔬菜,个个赞不绝口,洪山红菜薹的名声就这样传开了。

洪山红菜薹历来是湖北地方官吏进贡皇帝的土特产,曾被封为"金殿御菜",与武昌鱼一起被誉为楚天两大名菜。文人墨客、达官权贵纷纷慕名而来,留下不少轶闻趣事。据说北宋苏东坡偕其妹游览武昌黄鹤楼后,很想品尝洪山红菜薹,可时值寒冬,红菜薹生长很慢,苏氏兄妹特意滞留武昌,直到一饱口福才惬意而去。

由于紫菜薹色香味俱佳,又应了"紫气东来,吉祥如意"之说,所以湖北许多人家在团圆年夜饭上会烹制一两道紫菜薹菜肴,以示来年吉祥。

一、红菜薹的栽培历史

红菜薹又叫紫菜薹,民间也有人叫红油菜、油菜的。

根据《生物史》第五分册栽培植物的起源和演变的著者李璠的研究指出:"在《唐本草》中记载有三种菘:有牛肚菘,原叶最大,味甘;紫菘,原叶薄细,味少苦;白菘似蔓菁也。"这里所说的菘,即现在称的白菜,牛肚菘为大白菜,紫菘为红菜薹,白菘即小白菜。由此可知,在唐朝,大白菜、红菜薹、小白菜等已是很著名的蔬菜了,距今已有1 331年以上的栽培历史。

新中国成立初期,红菜薹还是作为一种特产蔬菜栽培,但由于其色泽鲜艳,品质脆嫩,食用方法多样,食味奇美,随着经济的发展和人民生活水平的提高,其种植面积迅速扩大,很快便成为我国一些省、市蔬菜主栽品种之一。如湖北省武汉市其栽培面积在20世纪80年代初,就已占秋冬蔬菜种植面积的10%以上。华中农业大学自20世纪70年代开始,对其栽培技术和新品种选育作了大量的研究工作。杨惠安等提出了垄种沟灌,张日藻试验提出处暑前后播种等一整套栽培技术;同时又先后育成了十月红一号、二号、华红一号、二号和红杂50、60等系列红菜薹新品种,使红菜薹播种后至开始采收时间,从过去的80天以上缩短至50天左右,而且大大提高了红菜薹的抗逆性、适应性,促进了其在全国范围的发展。

湖北武汉市是我国红菜薹栽培的中心地带,武汉的"洪山红菜薹"早已闻名全国,南来北往的宾客,都视红菜薹为菜中珍品,路过武汉时都带上一点,回去与家人共享。由于红菜薹栽培技术的完善成熟和较短生育期新品种的育成,使得红菜薹的适应性更广,供应期更长。因此,近10多年发展很快,不仅湖北省城乡都有栽培,邻近的湖南、四川、江西、安徽、云南、贵州、广西等省(自治区)也都有大面积栽培,北京、天津、内蒙古、新疆、黑龙江等省(直辖市、自治区)把它作为特菜引种栽培。日本、美国、荷兰、意大利等国也在引进试种。

目前,武汉市作为全国红菜薹种源中心,年销种子 3 万~4 万千克,约可种植 4.67 万公顷,加上其他省、市的种子,全国种植面积约在 6.67 万公顷以上。

二、红菜薹的分类和起源

(一)分类　红菜薹在植物分类学上属于十字花科(Cruciferae)的芸薹属(Brassica)的芸薹种(Brassica campestris L.),在这个种中有 3 个亚种,即大白菜亚种(B. Campestris, ssp. Pekinensis Lour. Olsson),小白菜亚种(B. Campestris, ssp. Chinensis, Makino),芜菁亚种(B. Campestris, ssp. Rapifera Metzg.)。红菜薹属于小白菜亚种中的一个变种,其学名为 B. Campestris, ssp. Chinensis var. PurpureaHtot,这个亚种中还有小白菜变种(B. Campestris, ssp. Chinensis)和乌塌菜变种(B. Campestris, ssp. Chinensis var.)

在这个种的各个亚种和变种之间极易杂交,染色体数 n＝10。按农业生物学分类,红菜薹可分为早、中、晚熟等 5 类,按播种至 50％的植株开始采收的天数计算,可将现有栽培品种分为 7 类,即极早熟品种、早熟品种、早中熟品种、中熟品种、中晚熟品种、晚熟品种和极晚熟品种(详见第六章)。

笔者曾在“红菜薹育种繁种中性状标准探讨”中提出过熟性标准,由于一些老品种在生产中已无人使用,其生育期又特长,此次均将其归为 100 天以上的极晚熟一类,这样就使目前的生产品种分类较集中,在科研和生产中使用价值更大一些。

(二)起源　白菜古代叫菘,关于菘的记载最早始于西晋稽金所著的《南方草木状》(公元 304 年)在“芜菁附菘”一节中指出,“至曲江方有菘,彼人谓之秦菘”。意即自北往南,直至曲江才有白菜的栽培。到了南北朝时代,北朝后魏(公元 386~534 年)在贾思勰所著《齐民要术》种芜菁一章中提出"种菘与芜菁同",又说:"菘、菜似芜菁,无毛而大",这里指出了栽培白菜的方法,以及白菜与芜菁在形态上的差异。以后的文史记载就多了。

以上资料说明,小白菜起源于南方,至今已有 1 600 年的栽培历史。而红菜薹是由小白菜的变异逐步进化而来,所以其起源也追溯到南方,具体说就是广东曲江县所在的南岭山脉。有意思的是,原始的菘向北至长江流域演化形成了小白菜、乌塌菜和红菜薹三个变种,而向南至两广境内却演化形成了菜心变种,现在湖南省境内还有介于红菜薹和菜心之间的早熟白菜薹品种,还有籽用型的白菜型油菜变种。这都是在历史的长河中,人们栽培定向选择的结果。白菜薹是近 10 年左右才逐步扩大栽培,有的品种品质较好,为食者所喜爱,在湖南栽培较多,其他省栽培较少。

(三)食用价值 红菜薹以鲜嫩菜薹供食,新中国建立初期各地都视为特菜。武汉人对其情有独钟,元旦、春节期间以腊肉或香肠炒红菜薹招待贵宾,算是桌上珍品,南来北往客人无不赞美。据中国医学科学院卫生研究所 1979 年对红菜薹营养成分的分析结果证明,在所测 10 个成分中有核黄素、尼克酸、抗坏血酸、钙、铁、蛋白质、碳水化合物等 7 个成分高于大白菜和小白菜,而水分含量却低于两种白菜(表 1)。

表 1　红菜薹与小白菜、大白菜营养成分比较

(每百克可食部分含量)

种 类	水　分 (%)	胡萝卜素 (mg)	核黄素 (mg)	尼克酸 (mg)	抗坏血酸 (mg)	钙 (mg)	磷 (mg)	铁 (mg)	蛋白质 (mg)	碳水化合物 (mg)
红菜薹	91	0.88	0.1	0.8	79	135	27	1.3	1.6	4.2
大白菜	92	0.11	0.04	0.3	24	32	42	0.4	1.4	3.0
小白菜	96	1.13	0.08	0.6	36	86	27	1.2	1.1	2.0

红菜薹不仅品质优良而受到人民群众的欢迎,而且供应期长。如果早、中、晚熟品种搭配,从9月下旬开始上市,直至翌年4月初结束,前后供应达200天之久。但其最佳食用期是在11~12月份,因为菜薹抽出时以10℃以下品质最优。每年12月份至翌年2月份由于气温低,菜薹生长缓慢,市场上供不应求,所以也是菜价最好的时候。

红菜薹在湖北成为主要蔬菜之后,农村各家菜地上也广为种植,每家每户都种几十株,一般都施肥较多,从头年一直采收至翌年3~4月份大忙季节,也改善了农民农忙季节的蔬菜供应。城市里9月中下旬正值秋淡尾,而3~4月份又是春淡头。所以红菜薹也是淡季蔬菜,对缓解城市蔬菜淡旺矛盾具有重要意义。

(四)观赏价值 红菜薹植株绿叶、红薹、黄花,生长繁茂,开花旺盛,观之令人心旷神怡。在花坛上栽上一圈,或在坛心栽上一些,或在路边花坛上种上一行,都可与羽衣甘蓝媲美。

选择晚熟品种,其莲座期时间很长,自10月份至翌年元旦、春节前后,观赏期可达4个月,那绿色的叶,红色的叶柄,紫红色的嫩叶组合成一幅观音座莲式的美丽画面,颇具欣赏价值至春节前后进入抽薹期,多姿多态的幼嫩娇薹,迎风荡漾,有如仙女在莲心起舞,头上顶着黄花,到后来黄花盛开,花香扑鼻,真是景不迷人人自迷,花不醉人人自醉,令人目不暇接,留连忘返。

(五)展望 红菜薹主产区为我国长江流域,这一区域四季分明,雨量充足,气候湿润,位于北纬25°~35°之间。世界各地凡具此条件的地区均可栽培,如墨西哥、美国南部、印度北部、巴基斯坦、阿富汗及地中海沿岸各国均宜栽培。在我国北方宜作夏秋栽培,长江流域作秋冬栽培,在高山也可作夏季栽培,而在南方则适作越冬栽培。现在各地都有成功的栽培经验,可供目前尚未种植的地区借鉴。

第二章　红菜薹的形态特征

红菜薹的形态特征主要表现在根、茎、叶、花、果实和种子上。掌握这些特征,对于栽培与育种繁殖具有重要的参考价值。

一、根

根是吸收水分和养分的器官,根系强弱直接影响红菜薹产量的高低。主要由根颈和根系组成。

(一)根颈　由幼苗下胚轴逐渐生长发育而成,其上托着一个庞大的由上胚轴发育而成的薹座,其下是根系。根颈长 3.5～7 厘米,横径 3～6.5 厘米。其长短、粗细视植株发育状况和抽薹数而异,灰褐色,也受种植季节和育苗的影响。幼苗过密,易形成高脚苗,这种苗就是下胚轴过度伸长所造成的。长颈苗对植株以后的生长发育不利,会使植株东倒西歪。笔者曾做过分期播种试验,从 9 月 22 日至 12 月 6 日分 5 次播种,试验证明早播者植株大、根颈粗;向后推移,则植株小,根颈也逐步变小。

(二)根系　由 10～34 条横径为 0.3～0.4 厘米的根和须根组成。因移栽的关系,主根不明显,根横径很少有超过 0.5 厘米的。根数依品种熟性和植株大小而异,迟熟品种比早熟品种多,根群着生在根颈下部,主要分布在 5～25 厘米的土层内,很少有穿入犁底层的,故吸收能力较弱,主要依赖其分布在表土层内密密麻麻的须根吸收功能维持地上部植株生长发育的平衡。

二、茎

茎是红菜薹的产品器官,色紫红,圆形,分为无蜡粉和有蜡粉两类,茎在红菜薹生产中一般叫薹。由薹和薹叶组成,而产量则由主、侧、孙、曾孙薹构成,其中侧薹、孙薹对产量起决定性作用。

（一）**主薹**　可食性主薹长 10～50 厘米不等，随品种和种植密度而异，横径 1～2.5 厘米。所谓可食性薹即开花 10 朵以内的嫩菜薹，或者说长度在 30 厘米左右的菜薹。由于品种间开花迟早与菜薹伸长的时间并不一致，所以难于确论。菜薹长达 40 厘米才开花的品种或株系（如 Ts36-1、Ts37-1 等），始花即应采收，采迟了薹基部老化，食用品质变差，侧薹、孙薹亦如此。有的杂种（如 8809 和大股子）现蕾不久就开花，先开花后抽薹。这类杂种或株系在育种时一般不会入选，但这种类型主薹重占总产量的 5% 左右。其生长发育可分三种类型：一是正常态，主薹发达，一般具 3～5 片薹叶，薹重 25～100 克；二是半退化态，主薹较小，具 2～3 叶，薹重 20 克左右，像钓鱼杆，食用价值不大；三是退化态，薹细小，无薹叶或有 1 片叶，无食用价值，生产中宜早掐掉，以便于侧薹早发。

（二）**侧薹**　即子薹或一次分枝，但在湖北武汉地区均称之为侧薹。每株平均侧薹数依品种（品系）而异，少者 3 个，多者可达 15 个以上，其大小和发育正常的主薹相当。侧薹数的多少常与早熟性呈负相关，因此选育早熟品种时不宜选育侧薹数太多的。侧薹重占总产量的 30%～60%，与薹数多少有关。侧薹食用品质比主薹好。

（三）**孙薹**　即二次分枝，从侧薹基部抽出，一个侧薹抽出孙薹的数目与侧薹多少和侧薹采收后所留下的叶数有关。侧薹少的基部叶多，叶腋也多，则抽生孙薹多，可达 3～5 根；反之，抽生孙薹则少，为 1～2 根。一个植株上有效孙薹为侧薹数的 1.5～3 倍，如果把不能采收的一起算进去，这个比例数还要高。孙薹一般比侧薹小，但侧薹少的，其孙薹商品性仍然可佳。

（四）**曾孙薹**　即三次分枝，从孙薹的基部叶腋抽出，如果采孙薹时将所有叶片掐掉，就抽不出曾孙薹。曾孙薹的数目为孙薹的 1～2 倍，都比孙薹小，商品性较差，菜价好时菜农便采收，反之则不采收。早熟品种可采收至曾孙薹，中熟品种只能采收到孙薹。

三、叶

叶是红菜薹的同化器官,由叶柄和叶片组成。叶柄、叶脉皆为紫红色,叶片为淡绿色、绿色和紫绿色。初生莲座叶为圆形、倒卵圆形,有 1～2 对小裂叶,在植株生长发育过程中始终遵循着先长叶后抽薹的顺序,从不紊乱。每个植株上的叶都可分为苗叶、初生莲座叶、次生莲座叶、再生莲座叶和薹叶,它们相继出现,完成其相应生长发育阶段的使命。

(一)苗叶 指幼苗的叶片,为 6～8 片,长椭圆形,一般平均叶长 15～20 厘米,叶片宽 5～12 厘米,叶面积为 30～40 平方厘米,叶重 15 克。在苗床中的幼苗有 5～6 片叶,定植时基部 3～4 片叶死去或埋入土内,定植后再长出 3～4 片新叶,延续寿命长约 50 天。其功能主要是为最先抽生的 1～2 片初生莲座叶提供营养。

(二)初生莲座叶 由苗叶后显著增大的叶片开始至主薹基部簇生的全部叶片,一般有 6～10 片,圆形或倒卵圆形,大多有 1～2 对小裂片。但在育种材料中也有无裂片的,而且自下而上叶型变化很大,靠近主薹采收节位者为宽披针形或戟形,无裂叶,有经验的菜农看到尖叶出现就知道主薹将出现。十月红一号、二号的最大初生莲座叶长 50～58 厘米,宽 20～30 厘米,叶柄长 25～30 厘米,半圆形。侧薹均从这些叶片的叶腋中抽出。当侧薹快采收完、孙薹开始采收时,基生莲座叶便逐渐衰老,延续寿命 50～60 天。其主要功能是为侧薹的生长发育提供营养物质,也为初出的次生莲座叶提供一定的营养。

(三)次生莲座叶 从主薹的基部叶腋中抽出,早熟品种在主薹采收后便迅速抽出,接着便抽侧薹,气温稍高时,主薹采收后15～20 天便可采收侧薹,而晚熟品种则需 30～40 天才能采收。次生莲座叶的叶形与基生莲座叶不完全相同,一般为长椭圆形、三角形和不规则菱形,叶形比初生莲座叶小得多,而且叶柄很长,如十月红一号、二号的叶长为 33 厘米,宽 10～15 厘米,而叶柄长达 20 厘米以上,近于圆形,延续寿命很长,从侧薹采收前 10 天左右开始,直至开春罢园,它们都是主要的功能叶,时间长达 90～100 天,其数目很多。侧薹一般留 2～3 片叶采收,每个叶腋中将抽出 3 片叶。如果植株有 8 个侧薹,则次生莲座叶数为 8×3×3＝72 片。但是也有一些早熟株系的侧薹采收后,有些次生莲座叶抽不出来,因此侧薹也无从抽出。

(四)再生莲座叶 是从侧薹基部叶腋中抽出,叶形更小,多为尖形或戟形。由于孙薹基部节间较长,所以采收时一般只留 1 片叶,稍不注意便将叶片采光,所以孙薹的再生莲座叶较少,从叶腋中抽出后,又随曾孙薹的生长而上升为薹叶被采收掉,因此其同化作用较小。

(五)薹叶 食用菜薹上着生的叶片叫薹叶,一般 3～5 片,呈长椭圆形、圆形、宽披针形、窄披针形,长短差异大。它与各级莲座叶的区别在于其节间伸长随菜薹的采收而被采收掉,各级莲座叶则呈丛生状,始终留在植株上,行使其同化作用,而薹叶着生在商品菜薹上,所以它与菜薹质量密切相关,一般以窄、短、小为好,当菜薹扎把后看到的是薹带叶而不光是叶片。表面看来,薹叶似乎是着生于薹上,而实质上是其节间的伸长而形成菜薹。

四、花

(一)花的构造 红菜薹的花由花萼、花冠、雌蕊、雄蕊、蜜腺等 5 个部分组成。花萼在花的最外层,共有 4 个萼片,绿色或淡绿色。花冠有花瓣 4 片,在开放时呈"十"字形,一般为黄色,偶有黄白色。雄蕊有 6 个,四长两短,每个雄蕊由花丝和花药两部分组成,成熟时药室沿着药缝开裂,通过昆虫或风力散布花粉粒。雌蕊 1 个,位于花的最内层中央位置,由柱头、花柱和子房 3 部分组成,一般在开花前 5 天雌蕊就成熟,即可接受花粉。开花时花粉落在柱头上约 45 分钟发芽,花粉管深入柱头,通过花柱到达子房中,授粉后 18～24 小时花粉管内的精核与胚芽中卵细胞结合,形成受精卵。受精卵发育成种子。每个子房中有 20 个左右的胚珠发育成种子,所以成熟的角果中一般约有 20 粒种子。

(二)开花习性 一株红菜薹花芽分化的顺序是:主花序先分化,第一次分枝花序次之,第二次分枝化序又次之,由下而上,依次分化。一个花序上花芽分化的顺序是由下而上,依次分化。红菜薹开花也是按照花芽分化的顺序依次进行的。主枝和各个分枝上的花序的花都是自下而上依次开放。

在一天中,红菜薹在上午 8～11 时开花最多,在温度为18℃～24℃、湿度为 85％时,最宜开花,10℃以下开花减少,且开花不旺,4℃～5℃时开花极少,一般开花后遇 4℃～5℃的低温,花很容易脱落,或子房不发育,故低温下容易出现分段结实现象。气温上升至 30℃以上时,角果发育不良或完全不发育,也易落花落果。

红菜薹一朵花由萼片开裂到花瓣完全开展,需 20 多个小时。从开放到花瓣雄蕊完全脱落需 4～7 天。雌蕊在开花前 5～7 天和开花后 5～7 天均可接受花粉。花粉在一定的干燥条件下,保存数天仍有一定的授精能力。

红菜薹的花和十字花科其他蔬菜一样具有自交不亲和性的单株,通过选育可育成自交不亲和系,用以配制一代杂种。自交多代的株系内常出现雄性不育株,可按照一定的选育程序,将其育成雄性不育系,作为配制一代杂种的母本。但自然发现的不育株多属核不育型,其不育率一般只能达到 50％左右。近年,笔者已转育成不育率达 100％的核胞质互作不育系,已用于生产一代杂种种子。

种子生产田的有效花期为 1 个月左右,湖北武汉地区一般为 2 月下旬至 3 月下旬。红菜薹开花时间较早,采种地前一年 12 月下旬便开始抽薹开花,但 2 月 15 日以前开的花,由于气温太低,大多花而不实,有时气温较高时也可结些果,但种子很少。

五、果实与种子

(一)果实　红菜薹的果实为角果,由受精花柱发育而成。一般长 4～6 厘米,内有种子 10～26 粒。果色为紫色、紫绿色和绿色。9 月下旬播种的单株角果数为 1 500～2 800 个,开花着果率为 50%～80%。

(二)种子　单株种子重为 10～50 克,与播期和植株大小密切相关。种子圆球形,为红色、紫色或紫褐色,很少有黄色的。千粒重 2～3 克。

六、薹　座

菜薹着生的部位叫薹座,由幼苗上、下胚轴逐渐生长发育膨大而成,也包括各级菜薹的残桩,俗名叫"菜兜子"。所有菜薹均着生其上,抽生菜薹数越多,其薹座越大,横切面直径达 20～30 厘米,重达 0.5～0.8 千克,下面由粗壮的根颈(横径 3～7 厘米)支撑着,根颈下面有发达的根群将其固定在土中。薹座由于伤口很多,很易感染病菌而导致腐烂,影响产量,应注意保护。

第三章　红菜薹的生长发育阶段

　　红菜薹全生育期大致可分为种子发芽期、幼苗期、莲座期、抽薹期、开花结荚期、采种期、种子休眠期。所有品种都会经历这些阶段，但早、中、晚熟品种各阶段出现的时间迟早却相差很大。

　　为了揭示红菜薹叶、薹生长发育、更替的规律，笔者通过对834-1（早熟）、十月红二号（中熟）和9401（晚熟）3个品种或株系的观察证明，各类品种其阶段发育是一致的，即都要经历种子发芽期，幼苗期、初生莲座期、次生莲座期和再生莲座期；而菜薹则都经过主薹、侧薹、孙薹和曾孙薹，然后便是开花结籽、种子成熟采收、休眠。熟性不同的品种间不同之处是各阶段出现的时间有早有晚，早熟品种来得快，晚熟品种来得迟（表2）。

表2　三个品种（系）各级叶片菜薹生育期比较　（1993～1994 年）

项　目		834-1	十月红二号	9401	注
苗　叶	形成期	9·17	9·18	9·20	①试材于 1993 年 8 月 14 日播种
	叶　数	6.67 片	8.7 片	9.5 片	②表中形成期、衰老期栏中的小黑点前一个数字表示月，点后数字表示日，如 9.17 即 9 月 17 日。叶数是指叶片片数
	衰老期	10·4	10·19	10·20	
初生莲座叶	形成期	10·6	10·25	10·25	
	叶　数	7.3 片	9.8 片	11.2 片	
	衰老期	11·8	11·24	11·28	
次生莲座叶	形成期	10·14	11·16	12·9	③所有数字均为 6 株均值
	叶　数	25.6 片	37.1 片	46.6 片	
	衰老期	1·9	1·17	1·23	

续表 2

项　目		834-1	十月红二号	9401	注
再生莲座叶	形成期	11·1	1·22	2·1	
	叶　数	15·4 片	19 片	23 片	
	衰老期	1·19	2·13	2·14	
主　薹	现薹期	9·30	10·21	11·3	
	抽薹期	10·3	10·30	11·9	
	采收期	10·7	11·7	11·22	
侧　薹	现薹期	10·7	11·15	11·20	
	抽薹期	10·8	11·18	12·28	
	采收期	10·14	11·28	12·7	
孙　薹	现薹期	10·27	12·4	12·17	
	抽薹期	11·3	12·9	1·18	
	采收期	11·8	12·16	1·30	

一、种子发芽期

红菜薹从播种到子叶出土为它的发芽期。这时胚根已从发芽孔穿出种皮外部，胚茎不断延伸，并在胚根基部发生根毛，即完成了它的发芽阶段。此阶段品种间差异不大。

二、幼 苗 期

幼苗期是指从出苗拉十字后至明显肥大的第一片初生莲座叶为止。834-1 的苗叶数为 6～7 片，十月红二号为 8～9 片，9401 为9～10 片，随着熟性的延迟而增加。苗叶的形成自出苗算起，834-1 为 28 天，十月红二号为 31 天，9401 为 34 天，完全长大尚需5～10 天。最上面苗叶形成时，下面的小叶已开始衰老，有的甚至已脱落。苗叶叶龄约 30～35 天,主要功能是为最初几片莲座叶制造、输送养分,莲座叶形成后,苗叶即被覆盖,随后便相继衰老、脱落。

三、莲 座 期

对于采收菜薹的植株而言,从第一片肥大叶片形成开始,直至采收结束,都属于莲座期,时间长达 150 天左右。而采种植株则抽薹开花便是莲座期的结束。前者植株经历着叶片和菜薹不同层次的更替,又可分为初生莲座期、次生莲座期、再生莲座期;与此同时,菜薹也经历了主薹、侧薹、孙薹、曾孙薹的更替。

(一)初生莲座期 初生莲座期是从第一片开始肥大的叶开始,至主薹基部节间不伸长的那片叶为止。早熟品种 834-1 的叶数为 7～8 片,十月红二号为 9～10 片,9401 为 10～11 片。熟性越晚,叶数越多。莲座叶的形成,834-1 需 22 天,十月红二号需 33 天,9401 需 38 天。主薹现蕾,即表示初生莲座叶的分生结束。主薹伸长时带出的 3～5 片称之为薹叶,不算莲座叶。早熟品系上部莲座叶与主薹同步生长,而中晚熟品种则是莲座叶明显形成后再抽薹。初生莲座叶的功能是为主薹、侧薹的抽生和次生莲座叶的形成制造、供给养分。一般在侧薹采收完后相继衰老脱落。

(二)次生莲座期 主薹采收后,侧薹抽出前,于初生莲座叶的叶腋先抽生出一个 6～10 片叶的叶簇,当侧薹长成采收后,留下的那 3～7 片簇生叶,便是次生莲座叶。它比初生莲座叶小得多,但数量却多得多。每个叶腋中长出的次生莲座叶多少与薹数成反比,也与熟性有关,早熟种少,晚熟种多。834-1 平均有 25.6 片,十月红二号有 37.1 片,9401 有 46 片。它们一般都直立生长在初生莲座叶的中央。其形成的时间为 15～60 天,随侧薹抽生快慢而参差不齐。其快慢与品种熟性和抽薹习性有关,主要功能是为侧薹、再生莲座叶乃至孙薹的生长制造、供给养分。孙薹采收后陆续衰老,但肥水条件好时,有些次生莲座叶一直延续至翌年罢园时仍生长良好。

(三)再生莲座叶 孙薹基部节间不伸长的叶子叫再生莲座叶,多数品种为 2 片,也有的品种为 3 片或 1 片。每个孙薹基部的再生莲座叶 5～10 天便可形成,但全株再生莲座叶的形成则拖延的时间很长,其原因是受主、侧薹抽生快慢和各品种抽薹习性的影响,且与肥水条件有关。有些侧薹、孙薹在低肥水条件下抽不出来,而在高肥水条件下则可抽出,有的中期脱肥、干旱抽不出,而在追肥、灌水后却可抽出,而且抽出的薹也有大小之别。这就是肥水条件好可获得高产的原因。再生莲座叶一般为 15～16 片,叶面积更小,所以它只能协助次生莲座叶为孙薹形成提供养分。

红菜薹的薹是产品器官,在有效的采收期内,极早熟品种可依次采收主薹、侧薹、孙薹、曾孙薹,早、中熟品种可采收主薹、侧薹、孙薹,而晚熟品种只能采收到主薹、侧薹。到孙薹采收时经济价值很低,只能内销。不管哪一级薹的生长,都与相应的叶是同步进行的,所以在生产中,它们归属于莲座期,但因其是产品器官,所以在下面我们还是要作详细论述。

(四)主薹 初生莲座叶分化至一定时候便不再形成叶,而是形成花蕾,位于短缩茎顶端。随后上面几片叶节间伸长,便形成了主薹。从现蕾至主薹采收,快的只需 10～20 天,如 834-1、华红一号、华红二号、红杂 50 等;慢的则需 30～40 天,如 9401、大股子、胭脂红、成都胭脂红、阉鸡尾等。根据主薹的生长强弱,大致可分为以下 3 种类型。

强壮型:主薹生长势很强,具有明显的顶端优势,一般有 4～6 片薹叶,基部粗壮,薹较长、较重,约占总薹重的 10%。如果采种的话,其种株抽薹开花时,它高于所有的侧枝,使种株呈明显的宝塔形,如大股子、十月红一号等品种。

半强壮型:主薹生长势较强,但长到一定的时候便停止伸长,常具 3 片左右的薹叶,其上花蕾较少,薹比强壮型小,约占总重量的 6.7%,其种株主薹与侧薹平口,或比侧薹稍低,如十月红二号的部分植株。

退化型:主薹生长很弱,上具 1~2 片薹叶,在采收时常见到的瘦弱主薹即此类型,像钓鱼杆,商品性很差,菜农常采下丢掉。退化型的种株呈杯状,主薹很短,开花很少,如十月红二号中少量植株。

主薹生长发育快慢是红菜薹熟性迟早的主要标志,1998 年秋至 12 月中下旬,市面上卖的十月红一号、二号的主薹才陆续抽出,比过去晚了 50 天,而我们新育成的红杂 50,此时已采收了孙薹,有的植株曾孙薹都采收了。据笔者多年观察,影响主薹抽出快慢的主要原因是冬性强弱,冬性强的抽薹迟,反之抽薹快;其次是肥料,苗期和莲座期施氮肥过多,会延迟抽薹,在 4℃~5℃ 的低温下处理萌动种子 10~20 天,可以使迟熟品种早抽薹。

(五)侧薹 多数品种主薹采收后若干天,侧薹才从次生莲座叶叶腋中慢慢地抽出,如十月红一号、二号,大股子等。但也有些品种在主薹采收时,侧薹已开始抽出,早熟品种和株系大多如此,如华红一号、二号,红杂 50 等。前者主薹采收后 15~30 天,才能采收;而后者 7~10 天即可采收。从第一根侧薹开始采收,至植株上所有侧薹都采收,其延续时间也因品种而异,那些侧薹较少、抽薹整齐的品种所需时间短。莲座叶各叶腋中腋芽抽出的时间,并非同步进行,而是依据阶段发育和顶端优势的规律,自上而下逐步抽生。上面的 4~5 个或 6~7 个腋芽都能抽出具有商品价值的侧薹,而下部的腋芽则不一定。当水肥条件好时,功能叶生长良好,制造的养分多,供给其生长,它们有可能抽出的是粗壮且具商品价值的菜薹;反之,则抽不出来,即使勉强抽出来了,也很细小,难以形成商品。侧薹产量约占总产量的 65%。

(六)孙薹 一般侧薹采收后 25~54 天才能采收孙薹,因此时已到 12 月中下旬,气温较低,各类品种菜薹都抽生较慢,其中早熟品种需 20～25 天,中熟品种需 30 天左右,而晚熟品种则需 50 天。晚熟品种孙薹抽生时间为 12 月至翌年 1 月,正值武汉地区的严冬季节,温度很低,叶片同化作用很弱,所以菜薹生长极慢。但如不受冻害的话,此时菜薹食味最佳。

每个植株抽出孙薹的多少,与侧薹采收后基部留下的次生莲座叶数有关。一般早熟品种为 4 个,中熟品种为 6 个,晚熟品种为 7 个,这些叶片均簇生在侧薹基部,往往不易被掐掉,但采收者如果下手过重,则上面 1～3 叶也可能被掐掉。每个侧薹上所留下的叶片,常有 1～3 个孙薹抽出。抽出的多少常与侧薹数成反比,即侧薹少的其基部的簇生叶较多,抽出的孙薹也多;反之,则少。同时侧薹采收时的植株功能叶状况良好,则孙薹较易抽出。而晚熟品种则与低温春化的程度有关,所以它们常常是在开春后猛抽。过去栽培的晚熟品种大股子、胭脂红、阉鸡尾、成都胭脂红等,每年春节一过,菜薹上市猛增,价格猛降,就是这个原因。一般来讲,晚熟品种产量应该高一些,但对红菜薹来讲,由于其孙薹不能成为有价值的商品,所以笔者近几年的品比试验中,采收至春节前后为止,常常是早熟品种产量较高,结果早中熟品种越来越受到菜农欢迎。孙薹产量约占总产量的 25%～30%,早熟品种所占比重大,若侧薹数很少,则孙薹的产量可达 50% 以上,一些极早熟品种即如此。

四、抽薹开花期

十字花科蔬菜一般都要通过低温春化才能正常抽薹开花,但红菜薹不完全是这样。过去的老品种如大股子、胭脂红、阉鸡尾等,都需要相当长的低温刺激,才能抽薹开花。但新育成的一批早、中熟品种,如华红一号、二号、红杂 50、60 等,在相当高的温度下也可抽薹开花。武汉市 8 月中下旬播种,9 月底至 10 月上旬开始抽薹开花,此时气温在 28℃～19℃,未达到十字花科蔬菜的春化温度(0℃～10℃)。老品种正好适应了长江流域季节变化的规律,是人工栽培和自然选择的结果;而新品种则更多地受到育种者意识的影响,是人工选择的结果。在过去生育期短的变异可能就采不到种子而遭淘汰,因为它抽薹开花太早,越冬不耐寒会被冻死,而年前形成营养体、开春后抽薹开花,则既满足了低温春化要求,又能顺利采到种子。

极早熟品种和株系 8 月中下旬播种,9 月下旬就可抽薹开花,如果不采收菜薹,当年低温又来得较迟的花,当年便可采到主薹、侧薹的种子;早熟品种有时也可采到种子。但中熟品种就只开花不结籽,直至翌年 2 月下旬日平均气温达 5℃以上,夜间没有零下低温,花芽才得以正常发育而不至于受冻,开花后才能正常受精结籽。晚熟品种也是如此。

抽薹开花的延续时间,依栽培和采种方法而异。随园采种的中、晚熟品种,从头年 10～11 月份开始抽薹,直至翌年 2 月中下旬才完成抽薹,至 3 月份才完成开花,历时半年。大株采种者一般于 9 月下旬播种,11～12 月份开始抽薹开花,翌年 3 月底完成开花结籽,历时 4 个月。中株采种一般于 10 月上旬播种,12 月份至翌年 1 月份开始抽薹开花,历时 3 个半月。小株采种 10 月中下旬播种,翌年 1 月份开始抽薹开花,3 月底完成开花结籽,历时 3 个月。在长江流域一般不作春播采种,因为其阶段发育太快,开花结籽少,因而种子产量太低。

五、种荚成熟期

红菜薹的种荚由花柱发育而成,开花授粉后 10～15 天种荚基本形成,而后种子成熟,这一过程的快慢与温度高低有关。温度高时需 15～20 天,温度低时需 20～25 天。一般开花后 30 天左右种子成熟,此时便可采收。

六、种子休眠期

种子休眠有两种可能的原因:一是种子本身未完全通过生理成熟或存在着发芽障碍,虽然给予适当的发芽条件但仍不能萌发;另一种是种子已具发芽能力,但由于不具备种子发芽所必须的基本条件,种子被迫处于静止状态。红菜薹种子在贮藏过程中,这两种休眠可能都会经历,因为笔者发现多数红菜薹品种的种子都有长短不同的休眠期,因此种子前两个月的休眠可能是生理休眠,而后才进入被迫休眠。

种子休眠对植物本身来说虽然是有利的特性,它是植物在长期系统发育过程中形成的抵抗不良环境条件的适应性,但对农业生产却并不一定有利。如有些品种的种子休眠期很短,往往会在收获前的母株上萌发,影响种子的产量和品质;而休眠期较长的品种就可以减轻或避免这种损失。另一方面,种子休眠期过长也给生产上造成一定的困难。如作物到了播种季节,而种子却仍处于休眠状态,这时如果将种子勉强播下地,则田间出苗参差不齐,或根本就不出苗。在测定种子发芽力时,也难以得到正确的结果。正因为如此,所以采收的种子在销售过程中会碰到许多问题,如有的经销商将种子拿回去一做发芽试验,发现发芽率有问题,又将种子退回批发商;也有的农民买回去马上播种,造成出苗不好。

为了克服种子休眠期过长给生产和种子经营带来的麻烦,种子生产者可从如下几个方面做工作:一是选择适当繁制种地点。要求种子采收后有2~3个月的休眠时间,待种子休眠期通过后再销售。湖北省繁制的种子就不存在这个问题,而在北方生产的种子当年销售,休眠期长的品种就有问题。二是搞清楚所生产品种种子休眠期有多长,什么时候可以通过,并向种子经销商说清楚。三是万一碰到了有休眠期的新种子,可用200毫克/千克赤霉素溶液浸种催芽,待种子萌动后再播,以避免生产中的损失。

第四章 红菜薹对环境条件的要求

栽培红菜薹的目的,就是要在较短时间内获得较高的菜薹产量。这是它与大白菜、小白菜栽培的不同之处。因此,在其生长发育的各个阶段,都要围绕提高菜薹的产量而给予适当的环境条件。总的说,红菜薹对温度、光照、营养元素、土壤条件、水分等方面的要求与大白菜、小白菜相似,都喜欢较冷凉湿润的气候、肥沃的土壤和充足的光照,但在各个生长发育阶段又各有侧重。

一、温　度

适宜栽培的温度是 10℃～30℃,红菜薹在这个温度范围内,只要有水分供给,都可发芽,但在温度高时比在温度低时发芽快。据笔者试验,武汉地区在 8 月下旬播种覆土较浅的情况下,白天每隔 1 小时浇 1 次水,24 小时就可出苗整齐,但在 10℃ 左右,则需延长到 10 天左右。红菜薹夏秋育苗时,正值高温干旱季节,种子又都播在土壤表面,覆土很浅,干燥地面温度可升至 40℃ 以上,甚至超过 50℃。因此,保持土壤湿润,不断地通过水分蒸发以降低土壤温度是育苗成功的关键。此时幼苗对水分很敏感,但植株需水量并不大。苗子稍大一点,以 25℃ 左右生长良好。

进入莲座期后,适宜的生长温度为 20℃ 左右,以不超过 22℃和不低于 17℃ 为好,但耐热的早熟品种在温度稍高一点也生长良好。此期在武汉正值 9 月中下旬乃至 10 月上旬。正是红菜薹莲座叶快速生长期,也是植株增重最快的时期,不仅要求温度适宜,而且最好是昼夜温差大的晴天,这样病害也会少一些,并有利于莲座叶的形成。

而进入菜薹产品器官形成的时候,则以 10℃ 左右的低温和偶尔有点轻霜为最好,这样不仅菜薹抽得快,而且品质也好。但结冰的严霜或较长时间处于－4℃以下会将菜薹冻坏而失去食用价值。12月份至翌年1月份如果碰上雨雪、冰冻天气会使植株全部冻死,但如果只下雪不结冰,雪很快融化掉,对菜薹影响不大,天晴后照样会抽薹,这是因为薹座和叶中贮藏的养分可供给新菜薹生长,随后菜薹上的叶可行光合作用。笔者曾育出一个杂种一代,在雪过天晴后抽薹特别快,但因其熟性太晚,没有推广。

种株进入抽薹开花后,在10℃~15℃有利于开花结籽,5℃以下花器发育不良,即使开了花也不结籽,10℃~20℃有利于种子形成。超过25℃或低于10℃易发生落果。在25℃~30℃时,植株开花快猛,营养跟不上,花而不实现象严重,种子产量低。

总之,红菜薹幼苗对高温和低温的适应性比抽薹开花期强,它能在薹期会被冻死的气温下顺利越冬。但幼苗在低温影响下,在没形成莲座叶时就抽薹,采种时必须注意此特性。

二、光　照

光合作用乃是产生有机物质的重要途径,因此光合作用对红菜薹的产量和品质起着决定性的作用。

红菜薹在适宜光合作用的条件下,其光合作用强度大约为二氧化碳8~10毫克/分米^2·小时,要获得品质优良的产品,必须长时间保持其足够的叶面积。所以,采用适当的农业技术措施,对提高光合强度具有特别重大的意义。据有关资料分析,光合作用强弱与以下一些因素有关。

(一)类型品种与光合强度的关系　据李家文报道,在芸薹这个种的3个亚(变)种——大白菜、小白菜、乌塌菜中,乌塌菜的光合强度最大,为二氧化碳11毫克/分米^2·小时;其次为小白菜,为9.12~9.70毫克/分米^2·小时;大白菜为二氧化碳7.69~9.51毫克/分米^2·小时。在同一亚种中,叶色较深的品种比叶色较浅的品种光合强度大。红菜薹属于小白菜亚种,其光合强度(十月红二号)为二氧化碳 7.9～9.2 毫克/分米^2·小时。

(二)温度对光合作用的影响 红菜薹的光合作用受温度的影响,其强度的变化可分为下列几个阶段。

温度在 10℃ 以下,光照强度几乎无实际价值。因此 10℃ 为有效光合作用的温度始限。

温度在 10℃～15℃ 时,光合作用随温度上升而加强,光合强度在二氧化碳 5 毫克/分米^2·小时。因此,10℃～15℃ 为光合作用微弱的温度范围。

温度在 15℃～22℃,白菜光合强度由二氧化碳 5 毫克/分米^2·小时增至 10 毫克/分米^2·小时。因此,15℃～22℃ 为光合作用的适温范围。

温度在 22℃～32℃,因为呼吸作用急剧加强,真正光合强度虽继续缓慢上升至二氧化碳 10 毫克/分米^2·小时,而表现光合强度由二氧化碳 9 毫克/分米^2·小时,下降至约二氧化碳 5 毫克/分米^2·小时。因此,22℃～32℃ 为光合作用衰落的温度范围。

温度在 32℃ 以上,呼吸强度超过表现光合强度,即光合作用制造的养分全部被本身的呼吸作用所消耗掉。

上述温度与光合强度的关系,是指一般规律。近几年来,一些反季节栽培品种的育成,使得小白菜、红菜薹对于温度特别是对高温的适应性更强。因此,在武汉市提早至日平均气温为 29.4℃ 的 8 月上旬播种,在加强水肥管理的情况下,也能缓慢生长,形成莲座叶。但红菜薹生长发育、产品器官形成与光合作用与温度的关系分析,湖北武汉地区红菜薹以 8 月下旬播种为最好。

(三)影响光合强度光照的其他因素

1. 生育时期 红菜薹光合强度以主、侧薹抽生时为最强,莲座叶形成期次之,幼苗期和采收后期较弱。在其光合作用最强的时候,必须保证水肥供给,才能得到高产。

2. 光照强度对光合作用的影响 红菜薹的光合补偿点约为

750 勒克斯,光饱和点约为 1 500 勒克斯。照度由 750 勒克斯升至 15 000 勒克斯左右的范围内,光合强度随照度的增加而加强。照度达 15 000 勒克斯以上时,光合作用趋于稳定。

3. 光合作用一日间的变化　一般而言,一天中光合作用以 9 时 30 分至 14 时 30 分为最强,这中间 11 时 30 分至 12 时 30 分略低,因为中午 12 时左右,光照强烈,易造成叶片部分萎蔫。如果肥水条件好,不发生萎蔫,则可保持光合作用处于高峰期。

4. 水分对光合作用的影响　红菜薹必须有充足的水分供给,才能正常地进行光合作用。因水分缺乏致使叶片萎蔫对光合作用有明显的不良影响。萎蔫越严重,光合作用越弱。因此,在栽培上应经常保持水分充足,以免降低光合强度,影响营养物质的合成。

5. 营养对光合作用的影响　各种矿质营养元素对红菜薹的光合作用都有影响,其中特别重要的是氮。氮能保证叶片中叶绿体的形成和积累,又能使蛋白质迅速合成,而减少在叶绿体中淀粉的积累。因此,合理施肥特别是施用充足的氮肥,能加强红菜薹的光合作用。根外追肥的效果特别明显。

三、水　分

水分是植株的主要成分,同时也是其用以调节机体与外界环境条件保持平衡的媒介物质。据笔者测定,红菜薹植株平均重在 1 900 克左右,一般每 667 平方米栽 3 500 株,那么其总重将达到 6 650 千克,其中 91% 是水,所以在 6 650 千克中,水分就占了 6 051.5 千克。而每形成 1 千克生物学产量,在其生命活动过程中将消耗 28.6 千克水分,可见水分对于红菜薹的菜薹形成十分重要。

红菜薹对水分的要求,不同生育时期有极显著的差异。它为了保持自己的生命活动正常,必须适应外界环境条件,特别是温度的变化,主要是靠蒸腾作用来控制。据资料介绍,白菜类蔬菜的蒸腾强度(克/鲜重 100 克·30 分钟)在 25℃时幼苗期为 17 克水分，莲座期约为 15 克，结球期大约 12 克。温度每增加或减少 1℃，蒸腾强度将上升或减少 20%左右。按 27℃计算，上述 6 650 千克(莲座期)每天将消耗 1 吨水，红菜薹的莲座期达 78 天，需水 78 吨，加上苗期和莲座叶形成中的 60 天，则每 667 平方米用于蒸腾作用的水分达 100 吨左右。实际数字可能小一点，因为冬季气温较低，蒸发量相对要少一些。

　　具体说，红菜薹在发芽期所需水分的量很少，但是必须有充足的土壤水分，才能保证发芽和幼苗出土整齐。幼苗期的需水量也不大，但因根群尚未发达，吸水能力很弱，所以亦须保持土壤湿润，并且要求很严格。在莲座期形成阶段，植株重由 100 克左右增加到 1 900 克，生长极为迅速，此时温度又较高，所以对水分的需要量很大，必须保证供给。如稍有缺水都将降低光合强度，而影响生长。至菜薹采收期，此期约为 3 个月时间，植株重量一直维持在 1 800 克左右。因此，其需水量很大，此时尽管温度稍低，但因雨水很少且多为晴天，所以稍不注意，田间仍易出现叶片萎蔫。因此，只有适时灌溉，才能保证菜薹的迅速抽生。留种田开春后抽薹开花，虽对水分要求也高，但因此时雨水较多，所以植株一般不易缺水，但个别春旱年份应注意植株动态适时灌水。

四、矿质营养

　　在矿质营养中，氮素的作用对红菜薹的生长最为重要。氮对于叶片的生长有强烈的促进作用，直接影响各级叶片特别是莲座叶的形成，只有莲座叶生长良好，才能保证菜薹发育正常。氮的作用，不仅促进叶片发达而扩大光合作用的面积，而且还能延缓叶片的衰老，使菜薹形成期叶片不致早衰而长时期保持强盛的光合作用能力，这样不但可提高产量，还可提高菜薹的品质。采种田在开花期和种子形成期，也需要维持田间一定的氮素水平，才能保持薹叶生命活动长盛不衰,形成更多的营养物质,供给开花和籽粒发育,使种子充实,千粒重增加,从而提高种子产量。植株缺氮时,植株将生长不良,将会造成不同程度的减产。

磷素有促进植物生长点细胞的分生作用,对于红菜薹的影响是多方面的。首先,磷能促进根的生长,使须根分枝多而发达,增加红菜薹吸收养分和水分的能力。其次,磷能加强新叶的分化而迅速形成莲座。第三,磷能加速菜薹分枝的分化,从而促进主、侧、孙薹的生长发育,使红菜薹的产品器官快速形成。第四,磷能促进开花和种子的发育。磷素缺乏时生长受到抑制,产量降低;严重缺磷时,叶背和叶柄上发生紫色。

由于钾对于碳水化合物和蛋白质的制造和转化运输具有重要作用,所以对红菜薹产品器官的形成有很大的关系。特别是菜薹形成时,为保证莲座叶大量制造养分而转化输送到菜薹中贮藏,尤其需要更多的钾素。钾还是茎、叶的重要组成成分。在缺钾时,从植株基部的莲座叶开始,叶边缘先变为黄色,并逐步向叶片中间发展。到叶片中部呈黄色时,边缘就变为枯褐色,农民称之为"焦边"现象。这种现象逐渐向植株上部的叶片发展,严重时基部叶片枯死而残留在茎上。在缺钾的情况下,莲座叶不待菜薹抽出就未老先衰,致使光合作用的效率大大降低,严重影响菜薹产量。

氮、磷、钾三要素对红菜薹的生长虽各有其特殊的作用,但它们的作用是相互依存和相互制约的。所以必须作合理的配合。氮素虽有促进叶部生长的功效,但是施用过多而缺乏磷、钾的时候,红菜薹的叶子将徒长而延迟菜薹的抽生。但如合理配合磷、钾的供应时,磷可促进菜薹分生,钾能加速养分的制造和转运,就能加速菜薹的形成。

除了氮、磷、钾三要素外,红菜薹还需要一定量的其他元素。其中主要的是钙、硼等。缺乏钙时叶缘腐烂。生育中期缺钙,会发生心腐现象,即中央莲座叶或次生莲座叶的边缘或部分发生干腐而不能正常伸展,成都胭脂红此现象比较严重。缺硼首先是影响钙的吸收,同时还会引起叶柄和叶脉木栓化,造成叶片周边枯死。如果是采种株缺硼,会带来花而不实。解决钙、硼等微量元素缺乏的方法是多施用有机肥,如堆肥、饼肥、畜禽粪肥等。明显缺乏某种元素时,也可把含该种元素的肥作基肥或追肥施入土中,也可实行叶面喷施。

五、土壤条件

红菜薹对矿物质养分和水分的吸收量很大,而它的根系很浅,吸收水分和养分的范围较小,因此,它对土壤条件要求颇为严格。一般而言,在疏松的沙质壤土上栽培红菜薹表现最好,如湖北江汉平原的潜江、仙桃、天门、汉川等市郊区及武汉市新沟、慈惠农场等地都是沙质壤土,是红菜薹的生产区,这些地区种植的红菜薹产量高,品质佳,不仅供应当地市场,而且远销武汉、北京等大城市。

在沙土地上也可种植红菜薹,这种土地透气性、透水性良好,有利于幼苗生长,但不利于莲座叶的形成和菜薹的生长发育。因为其沙多土少,保水保肥力很差,所以有机质和氮、磷、钾的含量都少,满足不了植株快速生长的需要,而施入土中的肥又易于流失,雨水、灌水越多则流失越快。如果一定要在沙土地上种红菜薹,则应多施有机肥,矿质肥料宜"少吃多餐",不宜一次施用过多,以减少流失。

黏土地因土粒细,通透性差,雨天土壤泥泞,干时土壤板结,本不利于红菜薹的生长发育,但武汉市的吴家山农场和原洪山宝塔周围却是红菜薹的有名产地。据分析,在这种土壤上抢墒多耕多耙,采用深沟高畦,多施有机肥,也可长出很好的菜薹,而且保水保肥力强,所以菜薹的后劲足。华中农业大学蔬菜试验地就是这种土壤,而且每年菜薹产量都较高。

由上述情况看来,虽说红菜薹对土壤有比较严格的要求,但对不同土壤只要采取相应的栽培措施,也是可以获得较好收成的。

红菜薹对土壤酸碱度以微酸性土,即 pH 值 6.5～7 为最适宜。

第二篇　红菜薹栽培

第五章　红菜薹栽培的研究进展

一、红菜薹生长发育规律

(一)花芽分化　据武汉市农业学校陈军、陈春(1984)报道,他们通过对十月红品种花芽分化过程进行了解剖学观察,指出红菜薹花芽形成的过程可划分为以下 6 个时期。

1. 花原基未分化期　1～2 片真叶期,生长锥圆而狭小,周围可见已分化的叶原基。

2. 花原基分化始期　在第三至第四片真叶期,子叶健在,生长锥体积增大,周围有明显突起,即花原基出现。这是营养生长转向生殖生长过渡时期的开始。

3. 花原基分化期　在第四至第五片真叶展出时,子叶尚在,花原基增大伸长,外层可见初生萼原基,内层又出现初生突起,花原基基部伸长,分化成花柄。

4. 萼片形成期　在第五至第六片真叶展出时,第一花原基外层分化出 4 片萼原基伸长至顶部叠合。内层已有明显的雌、雄蕊突起。第三、第四花原基已相继分化。

5. 雌蕊、雄蕊形成期　在第六至第八片真叶展出时,第一花原基内层分化雌蕊、雄蕊,并在萼片与雌蕊、雄蕊之间可见花瓣原基突起。

6. 花瓣形成期　在第八至第十二片真叶展出时,第一花原基雌蕊、雄蕊发育的同时,花瓣突起明显可见。此时第一花原基的花器官分化完毕。

花芽分化是植株体内生理变化和外界环境条件综合利用下产生的质变,不同品种、不同个体及栽培条件、气温的高低都会对其开始分化的早晚和分化的快慢有影响。

(二)生长发育规律　据华中农业大学晏儒来、许士琴、戴玲卿等观察,1994 年 8 月 18 日播种,9 月 11 日定植的早熟品种834-1(54 天始采收)、中熟品种十月红二号的较晚熟株系(74 天始采收)、9401 为一晚熟 F₁ 代(94 天始采收)。其同化器官、产品器官的形成及重量变化综述如下。

1. 功能叶的形成　苗叶的形成期,834-1、十月红二号和9401分别为播后 33 天、34 天、36 天,早晚相差 3 天;初生莲座叶形成期三者分别为 53 天、72 天、72 天,早晚相差 19 天;次生莲座叶形成期分别为 61 天、94 天、117 天,早晚相差 56 天;再生莲座叶形成期为播后 79 天、100 天、140 天,早晚相差 61 天。

2. 菜薹的形成　各级菜薹的形成以开始采收为标准,834-1、十月红二号和9401主薹开始采收的时间分别为 50 天、70 天、98天,先后相差 48 天;侧薹(子薹)开始采收的时间分别为 57 天、102天、112 天,先后相差 55 天;孙薹开始采收的时间分别为 82 天、121 天、166 天,早晚相差 84 天。

3. 生物学产量(不含根)构成及其变化　笔者依据 1993 年 9月 15 日至 1994 年 2 月 3 日的记载资料,可初步看出红菜薹薹叶重、叶柄重、薹重、薹座重和总重(不含根)的变化规律及其相应关系(表3)。

表3 红菜薹生物学产量构成及其变化 （单位:克）

观察日期	叶重	叶柄重	薹重	薹座重	总重	注
1993.9.15	1.20	0.70		0.16	2.06	1. 所有观察植株的菜薹都留至观察时测重
1993.9.25	14.28	12.94		1.18	28.44	
1993.10.5	50.72	51.74		2.84	105.44	
1993.10.15	77.28	153.76		15.70	246.74	2. 所有数据均为10株均重,观察品种为十月红二号
1993.10.25	160.00	340.00		113.00	613.00	
1993.11.4	220.00	480.00	3.00	150.00	853.00	
1993.11.14	467.00	1220.00	4.40	208.00	1899.40	
1993.11.24	345.00	1090.00	20.10	265.00	1720.10	
1993.12.4	420.00	1205.00	28.60	245.40	1799.00	
1993.12.14	405.00	1130.00	14.30	284.70	1834.00	
1993.12.24	294.00	770.00	57.20	445.80	1567.00	
1994.1.3	300.00	665.00	234.00	650.00	1849.00	
1994.1.13	340.00	775.00	153.10	541.90	1783.00	
1994.1.23	273.00	398.00	279.50	833.50	1584.00	
1994.2.3	100.00	190.00	486.70	932.30	1709.00	

从表中资料可以看出以下几个问题:

(1)叶重的变化　在所观察的141天中,十月红二号叶片重增长最快的时间是在播种后60天左右,叶片重达467克,约有30天叶片重维持在400克以上;120天以后,叶片重开始下降,至春暖大抽薹后,叶片重降至100克。叶柄重的变化趋势与叶片一致,但重量为叶片的2倍以上。

(2)薹重的变化　播种后80天才开始采收菜薹。直至120天菜薹增长很慢,至130天以后菜薹增长加快,2月3日最后一次采收,薹重达486.7克,但这时的菜薹已经不完全是商品菜薹。

（3）薹座的变化　薹座由上胚轴形成,着生菜薹的地方称之为薹座,俗称"菜苑"。它是随着植株生长发育而壮大,稳步增重,最后达 932.3 克,采收的菜薹越多,则薹座越大。

（4）总重的变化　植株生长至 60 天左右时,总重达最高峰,以后长期维持在 1 700～1 800 克之间,直至最后一次观察,似乎其他部位重量的变化,并不影响总重(图 1)。

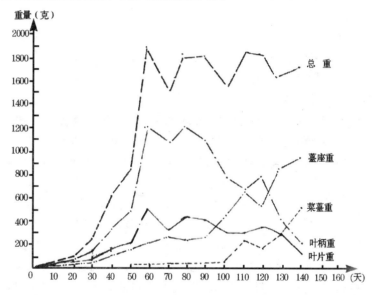

图 1　红菜薹植株地上部各部位生长增重座标图

4. 生长发育顺序　不管植株大小、重量如何,整个植株生长发育都遵循着一个固定模式在运转,即种子播种出苗后地下长根,地上则经历子叶→苗叶→初生莲座叶→抽主薹(采收后)→次生莲座叶→抽子薹(采收后)→再生莲座叶→抽孙薹(采收后)→叶薹同时生长。如此生生不息,从不紊乱。

据图 1 显示,叶片、叶柄重在植株生长的前 50 天中生长很慢,

50～60 天时生长加快,60 天时达最高峰,此时正值初生莲座叶的形成期,60～120 天时维持在高水平,120 天以后重量逐渐减少,此时正值各级莲座叶衰老脱落。菜薹在 80 天时才开始采收,在 80～130 天这段时期为低增长期,130 天以后增长加快,140 天时达最高峰。薹座和总重均处于较稳定的增长状态。

从各部位重量比分析,叶片增长的高峰期(11 月 14 日),叶片重占总重的 24.58%,叶柄重占 64.24%,薹座重占 10.95%;生长至 2 月 3 日时,叶片重只占 5.85%,叶柄重占 11.11%,薹重占 28.48%,薹座重占 54.55%。由此可以看出,产品器官菜薹重自始至终,所占比重都很小。因此,如何提高红菜薹的经济产量是值得大家探讨的课题。

(三)红菜薹产量构成因素的研究 据刘乐承、晏儒来(1998.1)的研究报道,侧薹数、侧薹重和孙薹数等三个性状对单株产量的直接效应为正作用,三者之间相互的间接效应又能加强这种正作用,它们的决定系数较大;孙薹重对单株产量的直接效应同它与单株产量的相关存在正负不一的矛盾,它的决定系数也较小;现蕾期对单株产量有很微弱的负面作用,其决定系数也较小。而徐跃进、晏儒来、向长萍等作的早熟红菜薹的研究结果是孙薹数、主薹重、侧薹重对单株产量的直接影响显著,且为正值,而孙薹重对单株产量的直接影响为负值。两篇报道的结果不尽一致,可能与选材有关,早熟品种侧薹数较少。这个研究结果可作为选择栽培品种的参考。

(四)栽培季节 早在 1980 年,华中农业大学张日藻用同一株系种子从 8 月 14 日开始,至 9 月 19 日分 6 期播种,小区面积为 6.7 平方米,栽 35 株,其研究结果播种至初采收的天数分别为 58、57、56、59、59、77 天;产量分别为 9、13.04、13.51、9.96、7.88、5.50 千克;发病率(%)分别为 48.57、28.57、22.86、20、8.57、0。据此,认为武汉地区红菜薹栽培应避开高温,于 8 月下旬播种最为适宜。

此时播种虽发病率也较高,但病情较轻,所以产量最高。据笔者多年观察,如果作为春节前后供应市场,则应选耐寒较强的中晚熟品种,在9月下旬至10月上旬播种,这样既可防冻,又可获得较高产量。

据黑龙江省牡丹江林业技工学院付蓄杰(2001)报道,在牡丹江地区栽培5月29日、6月10日、6月20日3个播期中,十月红一号以6月20日播种的产量最高,品质也较好。每667平方米可产商品菜薹2 500千克左右。

据辽宁省抚顺市农业特产学校卜秀艳、李强(2001.2)报道,在东北可于春、夏、秋三季排开播种,早春可用保护设施播种育苗;夏季可于6月播种,在露地育苗;秋季栽培可利用保护设施作秋延后栽培。

据北京蔬菜研究中心饶璐璐、王岩(1991.4)报道,在北京可作春、秋两季栽培,春季于3月下旬至4月上旬播种,温度低时用阳畦育苗;秋季栽培从7月下旬开始,至9月下旬均可播种,温度高时在露地育苗,晚播者在保护地栽培。

据黑龙江省佳木斯市金会波、董福长、张伟报道,东北红菜薹作保护地栽培,于8月中旬露地播种育苗,定植于温室中,效果很好。

河北农业大学赵韬报道,在河北省日光温室栽培可于9月中旬至翌年1月下旬排开播种,大棚春提前栽培于2月上中旬播种,大棚秋延后栽培于8月下旬至9月上旬播种,苗龄一般为20～30天。适栽品种为十月红、九月鲜。

河南开封县张闻、于哲光报道,在河南开封栽培红菜薹,一般早熟品种于8～9月份播种,晚熟品种在9～10月份播种。

浙江省宁海县黄正国、柴以训、张如千(1993)引种十月红菜薹获得成功,于8月下旬至9月初播种,在具4～5片真叶定植,每667平方米栽3 000株。

福州市仓山镇林明光(1997)报道,红菜薹早熟品种于8~9月份播种,晚熟品种于9~10月份播种育苗,苗龄25~30天。

湖南省攸县冯桂云(2006)报道,当地栽培红菜薹于7月上旬遮荫育苗,苗龄20天定植。

贵州省湄潭县徐小平、陈芝能、邹芳等(2007)报道,其试验于10月15日播种育苗,12月1日定植。

湖南省长沙市吴朝林(1999)报道,长沙地区红菜薹一般于8月中下旬至9月中旬播种,幼苗具5~6片真叶时定植,每667平方米栽3 000~3 500株。

(五)化肥及试剂对红菜薹生长发育和产量的影响

1. 氮素水平和密度对红菜薹光合速率的影响 据华中农业大学徐跃进、王杏元、洪小平(1997)试验报道,红菜薹的光合速率日变化为"午休型",其座标图为双峰曲线,10~11时为高峰,下午4时为低峰,下午2时为低谷。在每公顷施氮素150、225、300千克的情况下,施氮越多,则光合速率越大。种植密度在每公顷4.2万、4.8万、5.4万株的密度下,越密则光合速率越小。光合速率在各处理中以纯氮300千克、4.2万株处理的叶面积、叶绿素含量、叶重测定值均最高,三项测定值在品种之间的表现是:叶面积以华红一号(F$_1$)最高,834-1(父本)居中,36-1(母本)最低;比叶重以36-1为最高,华红一号居中,834-1最低;叶绿素含量以华红一号为最高,36-1次之,834-1最低。

2. 红菜薹对磷的吸收与利用 据湖南省农业科学院吴朝林、彭选林(1993)报道,1991年他们应用放射性[32]P标记,用盆栽,研究了红菜薹植株对基施磷和叶面施磷的吸收利用特点结果显示,植株对基肥磷的吸收利用,不同生育期吸收磷量不同,定植后30天的莲座叶期,植株吸收磷少,占全生育期吸收总量的5.8%;进入抽薹期,植株吸收磷量大增,从植株开始现蕾到主薹采收的25天以内,植株吸收磷量为全生育期吸收磷总量的36%,在子薹生长期中 20 天内共吸收磷量占全生育期吸收磷总量的 57.5%。

植株吸收的磷,在莲座期有 93.16% 输送到叶中;植株抽薹后,磷向叶输送量减少,转向薹运送;主薹采收期,薹占有磷为全株吸收量的 47.35%;子薹采收时,薹占有全株吸收量的 58.13%。

全植株含磷量平均为干物重的 0.18%,在植株各部位中,薹含磷量较多,叶和根含磷较少,主薹单位干重含磷比叶、根高 70% 以上,而子薹含磷量比叶、根高 90% 以上。

红菜薹对叶面施磷的利用率高,施磷后 20 天测定,有 75.41% 的磷素已被吸收,30 天后吸收利用率达 96.13%。向各部位输送的比例与根吸收的差不多,即向薹输送较多、叶次之,根系最少。

基施磷对红菜薹干重的影响是:莲座期、叶干重与对照无明显影响;主薹期植株根干重比对照增加 45.5%,叶干重增加 21%,而薹干重与对照无明显差别;子薹采收期,施磷对植株的影响愈加明显,根、叶、薹干重分别比对照增加 57.06%、84.22% 和 63.67%。

3. 多效唑对红菜薹产量的影响 湖北省孝感市陈战鸣(1992)报道,用 200 毫克/千克的多效唑处理十月红菜薹 3 叶苗一次,不仅能有效地控制幼苗徒长,提高幼苗质量,而且还能极显著地增加产量,提高抗病力。虽说始收期比对照晚 7 天左右,但子薹、孙薹多,中期产量高,总产比对照增产 26.1%。

4. 植物动力 2003 应用效果 华中农业大学唐仁华、金钟恒(1997)报道,植物动力 2003 是一种新型微肥,用 1:1000 倍液于抽薹始期喷施叶面 1 次(11 月 17 日),12 月 3 日再喷 1 次,处理的比对照分别增产 50.4% 和 39.9%,且单株薹数和单薹重均比对照高。徐跃进、杨建华(1997)试验结果也是 1:1000 的 2003 溶液处理的效果最好。

5. 铜对红菜薹的生态毒理效应 湖北大学戴灵鹏、柯文山、陈建军、聂冉(2004)报道,其研究结果表明,盆栽时低浓度的铜

(50～100毫克/千克)能促进红菜薹的生长,使苗高、生物量增大;其生理生化指标,如叶绿素含量PODSOD的活性均有不同程度的升高。但当浓度达200毫克/千克以上时,红菜薹出现黄化失绿、植株矮化、开花抽薹期延长、烂根等中毒现象,叶绿素含量POD-SOD的活性明显低于对照。另外,在高浓度铜下,植株内矿质养分的缺失进一步加深了植物体内的铜毒害,当铜离子浓度达到500毫克/千克时,大多数植株死亡。

二、红菜薹的抗冻性

刘乐承、晏儒来(1998)介绍了他们的抗冻性试验,用19份红菜薹材料为试材,将离体叶片组织经过系列冷冻低温处理后,测定电导率,进而计算细胞膜伤害率,然后用Logistic方程拟合细胞伤害率与温度的关系。求出拐点温度来估计材料的低温致死温度。结果表明:拐点温度能准确估计红菜薹的抗冻性,红菜薹的低温致死温度因材而异,在−5℃～−11℃之间;抗冻性与农艺性状的关系表现为越晚熟抗冻力越强,总莲座叶数越多抗冻力也越强,同时也有植株越高大抗冻能力越强的趋势。

三、红菜薹在农村耕作制度改革中的利用价值

武汉市江夏区刘民军、冯国民、万兴华(2007)介绍了他们在光明、光星、豹山等村连片推广中稻(芋头)—红菜薹栽培模式,面积达600多公顷,每667平方米产值达4 000元。其做法是:选用多子芋于3月上中旬栽种,每667平方米栽2 000～2 500株,9月上中旬采收,每667平方米采收1 500～2 000千克;中稻选用金优63、金优桂99等品种,3月中下旬抢晴播种,8月中旬收割。后茬红菜薹选用红杂50、红杂60等或选用大股子、十月红等品种,于8月中下旬播种,9月份定植,10月份开始采收,直至春节后才采收完毕。

湖南省洪江市谢长文(2000)报道了中稻—红菜薹的栽培模式,每667平方米产菜薹2 000千克,每千克可卖2～2.5元,产值达4 000～4 500元。

第六章 红菜薹的主要栽培品种

一、按红菜薹熟性分类的标准

目前的红菜薹栽培品种主要分为两部分,一部分是新育成品种,另一部分是原有的农家品种。由于华中农业大学红菜薹育种起步较早,又得到武汉市科委立项资助,所以新育成品种多数为华中农业大学育成。湖南省农业科学院蔬菜研究所、湖北省农业科学院蔬菜研究室也相继开展了红菜薹的育种工作,育成并推广了少量品种。农家品种则来自一些栽培历史较悠久的省、市,如湖北省武汉市、湖南省长沙市、四川省成都市和江苏省无锡市等。这些品种按熟性分类,大致可分为如下 7 类。

1. 极早熟品种 播种至开始采收在 50 天以内,这类品种都是近年新育成品种。

2. 早熟品种 播种后 50～60 天开始采收,这类品种也是近年新育成品种。大多为目前主栽品种。

3. 早中熟品种 播种后 60～70 天开始采收,这类品种大多为近年新育成品种,都是各地主栽品种。

4. 中熟品种 播种后 70～80 天开始采收,这类品种中有新育成品种,也有老品种。

5. 中晚熟品种 播种后 80～90 天开始采收,这类品种中只有个别品种为新育成品种,大多为老农家品种。

6. 晚熟品种 播种后 90～100 天开始采收,这类品种几乎全是老农家品种,目前生产中很少有人使用。

7. 极晚熟品种 播种后 100 天以上开始采收,全为老农家品种,在红菜薹的主产区已无人使用。再晚熟品种都归为此类。

二、不同熟性的红菜薹品种

(一)极早熟品种　播种后 40～50 天开始采收的品种称之为极早熟品种,计有如下 4 个品种。

1. **红杂 40**　由华中农业大学晏儒来、向长萍等于 1999 年育成推广。是用雄性不育系作母本,自交系作父本配成的杂种一代。极早熟,播种后 40 多天开始采收,植株初生莲座叶 5～6 片,主薹较细,侧薹 4～5 根。薹色鲜艳,无蜡粉,有时色较淡。薹叶 3～4片,三角形。薹长 30 厘米左右,横径 0.8～1 厘米,薹重 20～30克,商品性较好。较抗病,较耐高温,适作早熟栽培,元旦前可收完,一般每 667 平方米产量为 1 500 千克左右。适于长江流域各省、市作秋季栽培,或华南地区作越冬栽培。

2. **湘红九月**　由湖南省蔬菜研究所吴朝林等育成。由雄性不育系和自交系配成的一代杂种。极早熟,播后 45 天开始采收。植株长势中等,株高 38 厘米,开展度 53 厘米,初生莲座叶 9 片,薹横径 1.8 厘米,紫红色有蜡粉,单薹重 40 克左右。耐热性较强,高温季节生产的菜薹无苦味,粗纤维少,口感好。

3. **鄂红一号**　由湖北省蔬菜科技中心江红胜、何云启于 2003年报道。早熟,播后 50 天开始采收。株高 50 厘米,开展度 65 厘米。初生莲座叶 7～9 片,叶片顶端为尖形,薹叶尖小。菜薹紫色少蜡粉,色泽鲜艳,肥嫩,单薹重 50～80 克,长 25～35 厘米,横径1.5～2 厘米,元旦前采收完毕。一般每 667 平方米产量 1000～1 500 千克。适于长江流域各省、市和华南地区秋冬栽培。长势弱,须防早衰。

4. **红杂 50**　由华中农业大学晏儒来等于 1999 年育成推广。系用雄性不育系作母本,用小孢子培养育成的自交系作父本配成的一代杂种。极早熟,播种至开始采收 50 天左右。初生莲座叶6～7 片,主薹粗壮,侧薹 4～6 根,薹色鲜艳无蜡粉。薹叶 3～4

片,长条形。薹长30~35厘米,横径1厘米,薹重32.5克,商品性好。抗黑斑病、病毒病、软腐病和霜霉病。适作早熟栽培,长势较弱,要重施基肥和早追肥,以防早衰。一般每667平方米产量1 200~1 600千克。适宜长江流域秋冬栽培和华南越冬栽培。

5. **湘红一号** 由湖南省蔬菜研究所吴朝林、陈文超、徐泽安、丁苗等于1998年育成。极早熟,从播种至始收45天左右,初生莲座叶7~8片,植株开展度55厘米,株高20~30厘米,菜薹深紫色,无或少蜡粉,单薹重50克,横径1.5~2厘米,薹生叶少而小。夏秋季栽培每667平方米产量1 000~1 500千克,秋冬季栽培每667平方米产量1 500~2 000千克。

6. **五彩红薹一号** 由湖南省农业科学院蔬菜研究所育成,为雄性不育系配成的一代杂种。极早熟,播种至开始采收44天,一般只采收主薹、子薹和少量孙薹。生长势中等,开展度53厘米,株高40厘米,莲座叶9片。菜薹紫红色,有蜡粉,薹重40克,薹粗1.7厘米。无苦味、粗纤维少,口感清爽。经测定,含水量91%,含总糖4.22%,含还原糖3.21%,含干样粗纤维10.64%。耐热,较抗软腐病。一般每667平方米产量1 500千克左右。

(二)早熟品种 播种后50~60天开始采收的品种称之为早熟品种,计有如下5个品种。

1. **华红一号(9001)** 由华中农业大学晏儒来、向长萍、徐跃进等于1990年育成推广。采用十月红二号育成的自交不亲和系T₃36-1-1和早熟株系834-1配成的杂交一代。早熟,自播种至开始采收需54天左右。初生莲座叶7~9片,生长势较强。主薹生长正常,侧薹7~8根,薹长30厘米,横径1.9厘米,单薹重30~40克。蜡粉较少,薹色稍粉红,薹叶3~5片。耐热性强,经改良的华红一号商品性更好,纤维少,食味佳。干物质含量为7.75%,干重粗纤维为10.59%,维生素C每百克含52.7毫克,干重蛋白质含量为18.26%,可溶性糖为17.39%,硫苷19.70微摩/克。宜作早熟栽培,一般每 667 平方米产量 1 500～2 000 千克。

2. 早红一号　由湖南亚华种业蔬菜花卉种子分公司谭新跃等报道。该品种早熟,播种至开始采收约 55 天。薹紫色,被蜡粉,薹长 40 厘米,横径 1.8 厘米。风味好,品质佳,宜炒食。产量较高,适宜作水稻的后作栽培。

3. 华红二号(8902)　由华中农业大学晏儒来、向长萍、徐跃进等于 1989 年育成推广。系用十月红一号育成的自交不亲和系 SI07-1-1 和 SI83-4-1 配成的一代杂种。早熟,播种后 55 天开始采收菜薹。植株有初生莲座叶 7～8 片,生长势中等。主薹生长正常,侧薹 7～8 根,薹长 30 厘米,横径 1.9 厘米,单薹重 30～40 克,薹上蜡粉多,薹色暗紫,薹叶 3～4 片,耐热性强。菜薹干物质含量 7.7%,粗纤维 9.23%,每百克干重含维生素 C 46.74 毫克,含蛋白质 22.18%,含可溶性糖 13.79%,含硫苷 16.69 微摩/克。宜作早熟栽培,一般每 667 平方米产量 1 500～1 800 千克。

(三)早中熟品种　播种后 60～70 天开始采收的品种,称之为早中熟品种,计有下列 7 种。

1. 红杂 60　由华中农业大学晏儒来、向长萍等于 1999 年育成推广。现已成为红菜薹产区主栽品种之一。系用不育系作母本,自交系作父本配制的杂种一代新品种。早中熟,播种后 60～66 天开始采收菜薹。植株有初生莲座叶 7～8 片,主薹粗壮,发育正常,侧薹 5～6 根,薹色鲜艳,胭脂红,无蜡粉。薹叶 3～4 片,叶形尖小。薹长 30～40 厘米,横径 1～1.5 厘米,单薹重 40 克左右,商品性好。生长势较强,较抗黑斑病、软腐病、霜霉病和病毒病。是目前红菜薹生产中的首选品种。适作秋冬季栽培,适宜全国各地栽培。一般每 667 平方米产量 1 500～2 000 千克。

2. 十月红一号　由华中农业大学张日藻、刘砾善等于 1980 年育成推广。为目前主栽品种之一。是从武汉市农家品种胭脂红中选株筛选育成的新品种,早中熟,播种后 65～70 天开始采收菜薹。植株有莲座叶 8～9 片,主薹粗壮,发育正常。侧薹 7～8 根,薹色粉红,有蜡粉。薹叶 3～5 片,叶形尖小。薹长 30～35 厘米,横径 1.2～1.8 厘米,薹重 38 克左右。生长势强,高抗黑斑病、霜霉病和病毒病,中抗软腐病。适宜长江流域各省作秋冬季栽培。一般每 667 平方米产量 1 200～1 500 千克。

3. 十月红二号 湖北省荆沙一带称九月鲜,由华中农业大学张日藻、刘砾善等育成推广,是目前主栽品种之一。系从武汉地区农家品种胭脂红中选株筛选育成。早中熟,播种后 62～65 天开始采收菜薹。植株有初生莲座叶 7～8 片,主薹常发育不良,宜早摘除。侧薹 6～7 根,薹色鲜红,无蜡粉。薹叶 3～5 片,叶形尖小。薹长 30～35 厘米,横径 1.5 厘米左右,薹重 35 克左右,品质优良。食味和菜薹商品性状均很好。生长势强,耐寒,高抗黑斑病、霜霉病、病毒病,多雨年份易感软腐病。适宜长江流域作秋冬季栽培,也可作越冬栽培。一般每 667 平方米产量 1 100～1 400 千克。

4. 湘红二号 由湖南省农业科学院蔬菜研究所吴朝林等育成,1998 年通过审定。该品种早中熟,从播种至始收 60～70 天。植株生长势强,株高 45 厘米,开展度 70 厘米。莲座叶披针形,10 片左右,红绿色,基部少叶翼,叶面有少量蜡粉。薹长 30～35 厘米,横径 2～2.5 厘米,薹生叶 3～5 片,单薹重 50～80 克。肥嫩,味甜,粗纤维少,品质好。较耐热、耐寒,菜薹生长适温为 5℃～15℃。抗病性强,适应性广。一般每 667 平方米产量 2 000～2 500 千克。

5. 五彩紫薹二号 由湖南省农业科学院蔬菜研究所吴朝林等育成,是由自交不亲和系配成的一代杂种。中早熟,播种后 60 天左右开始采收。开展度 65 厘米,株高 50 厘米。叶色深绿,薹色亮紫,无蜡粉。菜薹肥嫩,径粗 1.9 厘米,薹叶少而小。侧薹 6～8 根,抽生快。全株薹数最多可达 40 多根。较耐热、耐寒,抗病性强。其缺点是薹叶偏长。一般每 667 平方米产量 2 200 千克。

6. 鄂红二号　湖北省农业科学院蔬菜研究中心汪红胜、何云启(2003)报道。该品种早中熟,从播种至开始采收60~70天。株高55厘米,开展度70厘米。基生莲座叶7~10片,叶色绿,叶柄、叶主脉紫红色。菜薹长25~35厘米,横径1.5~2厘米,单薹重60~90克。薹叶尖小,薹色紫红,鲜艳,无蜡粉。食味稍甜,品质佳,春节前后采收完毕,一般每667平方米产量2000千克左右。

7. 成都尖叶子　成都市地方品种。从自播种至开始采收70天左右。植株矮生,芽萌发力强。叶片暗绿色,侧薹集中抽出,且多而细、薹上叶片的叶柄及叶脉暗紫红色,薹生叶小而且较多。

(四)中熟品种　播种后70~80天开始采收的品种称之为中熟品种,计有以下6个品种。

1. 红杂70　由华中农业大学晏儒来、向长萍等于1999年育成。目前只有小面积推广。系用不育系作母本、自交系作父本配成的杂种一代品种。中熟,播种后71~75天开始采收菜薹。植株有初生莲座叶8~10片,叶色绿,倒卵圆形。主薹粗壮,发育正常。侧薹8~9根,薹色鲜亮,胭脂红,无蜡粉。薹叶4~6片,叶形尖小。薹长30~35厘米,横径1.5厘米左右,单薹重50~60克。商品性好,食味佳。生长势强,耐低温力较强,抗黑斑病、病毒病、霜霉病等病害。适宜长江流域各省、市作秋冬栽培和越冬栽培。一般每667平方米产量2000千克以上。

2. 绿叶大股子　由武汉市洪山乡蔬菜科学研究所张正焕从原大股子中选早熟株多代比较育成。目前在洪山乡有一定栽培面积。中熟,播种后75天左右开始采收菜薹。植株初生莲座叶8~9片,较高大,叶色绿,卵圆形。主薹粗壮高大,侧薹7~8根,薹色暗紫,有蜡粉。薹叶4~5片,叶型较大,薹长35~40厘米,横径1.5~2厘米。一般薹重50克左右,大的可达100克以上。其中叶重比例较大,食味较淡,品质稍差。较抗霜霉病和软腐病。适宜长江流域秋冬季栽培。一般每667平方米产量2000千克。

3. **阁鸡尾** 湖南省长沙市农家品种。中熟,播种后78天开始采收菜薹。植株莲座叶8～9片,较高大,叶色绿,卵圆形。主薹粗壮,侧薹7～8根,薹上有蜡粉,色暗紫。薹叶4～5片,叶型较大,薹长30～35厘米,横径1～1.8厘米,薹重40克左右。食味较差,有辛辣味。适作长江流域秋冬季栽培。一般每667平方米产量1 000千克左右。

4. **武昌胭脂红** 湖北省武汉市农家品种。中熟,播种后75～80天开始采收菜薹。植株莲座叶8～10片,较高大,叶色绿,卵圆形。主薹有的生长正常,有的退化。侧薹6～9根,薹上大多无蜡粉,但也有蜡粉较重的;薹色鲜艳,但也有的为暗紫色。薹叶4～6片,叶形尖小。薹长30～40厘米,横径1.5厘米左右。食味佳,商品性状好。现已被十月红二号取代。适于长江流域作秋冬季或越冬栽培,一般每667平方米产1 000千克左右。

5. **一窝丝** 又名小股子,为武昌市郊农家品种。原分布在洪山相国寺一带,现已无人栽培。中熟,播种后70～75天开始采收菜薹,春节前采收完。植株莲座叶多而小,紫绿色,先端尖,叶面皱缩,侧薹10～12根,均较细。薹长20～25厘米,粗1厘米左右。具蜡粉,品质较好。现只能作育种的原始材料,一般每667平方米产量800千克。

6. **华红5号** 华中农业大学徐跃进、俞振华等于2002年用雄性不育系与自交系配制的一代杂种。中熟种,从播种至开始采收70天以上,盛产期在90～120天。该品种生长势中等,株高55厘米,开展度约65厘米。初生莲座叶8～10片,叶色绿,叶柄、叶全脉为紫红色。主薹发生早,侧薹发生整齐,薹长30厘米,横径1.5～2厘米,薹粗上下较均匀,单薹重40～50克。薹叶尖圆,薹色亮紫、鲜艳,无蜡粉。食味微甜,品质佳。较耐寒、耐热,抗病性强。宜于秋冬季栽培,于春节前后采收完毕。一般每667平方米产量1 500～1 700千克。

(五)中晚熟品种　播种后 80～90 天开始采收的品种,归为中晚熟类型。计有如下 3 个品种。

1. **成都胭脂红**　四川省成都市农家品种。中晚熟,播种后 85 天左右开始采收菜薹。植株莲座叶 9～10 片,主薹发达,侧薹 6～7 根,株型较差。薹上多蜡粉,色粉红。薹叶 5～6 片,叶型较大。薹长 25～30 厘米,横径 1～1.3 厘米,薹重 25～30 克。商品性较差,食味微苦,不符多数地区食用习惯。只适宜四川栽培,每 667 平方米产量 1 000 千克左右。

2. **红叶大股子**　武汉市菜农又称喇叭头大股子,是武汉市郊农家品种,过去是武汉地区主栽品种之一,现在只有少数菜农栽培。中晚熟,播种后 82～88 天开始采收。植株莲座叶 9～10 片,主薹粗壮,侧薹 8～9 根,株型高大。薹上多蜡粉,色粉红。掐薹时常将上面几片略抽长的初生莲座叶掐下来。基部又粗又大,所以叫喇叭头,因此薹重有时达 200 克,一般在 100 克左右,实际上大部分为叶重。薹长 35～40 厘米,横径 2 厘米左右,薹叶 5～6 片,叶型大。其菜薹盛收期在春节以后。十月红一号、二号问世后,很快就取代了它,以后可能只适作育种的原始材料。

3. **湘红 2000**　由湖南省农业科学院蔬菜研究所吴朝林育成。中晚熟,播种后 85 天左右开始采收。植株生长势强,开展度约 70 厘米,株高 50 厘米。薹紫红色,无蜡粉,有光泽,外观美。薹肉嫩绿色,肉质细腻,味甜。薹叶 3～4 片,紫红色,叶长 20 厘米,宽 15 厘米。一般主薹横径 2.2 厘米,最大的为 3 厘米,薹重 80 克,每株 5～9 根。不耐热,但耐寒,抗病性一般。平均每 667 平方米产量 2 500 千克左右。

(六)晚熟品种　宜宾摩登红。为四川省宜宾市地方品种。本品种突出表现为叶色鲜艳,紫绿色,叶柄、叶脉和菜薹均为紫萝兰色,无蜡粉或少蜡粉。腋芽萌芽力强,侧薹多而壮。薹生叶多而大,叶柄长,菜薹稍有苦味。

(七)极晚熟品种

1. **迟不醒** 为武汉市农家品种。因为该品种特别晚熟,所以称为迟不醒。头年 8 月播种,翌年开春才抽薹,历经半年才能采收。由于每年开春后,自 2 月上旬开始,气温回升,菜薹猛抽,菜农都抢着上市,但往往造成积压,销售价格猛跌,还是卖不完。因此,自从十月红一号、二号品种育成推广后,迟不醒就没人种了。

2. **长沙迟红菜** 长沙市地方品种。9 月播种至翌年 3 月上旬开始采收,3 月中下旬盛收。主薹肥壮,薹叶较大,品质尚可。侧薹发生快,薹含水分多,纤维也多,易老化。

3. **阴花红油菜** 成都市地方品种。极晚熟,从播种至采收需 120 天左右。外叶半直立,叶片大,近圆形,暗绿色,叶片表面有皱纹。主薹粗壮,紫红色。单株薹重约 0.75 千克。

第七章　红菜薹栽培的基本技术

一、播种育苗

红菜薹栽培一般都采用育苗移栽,现将播种育苗的简要技术介绍如下。

(一)播种育苗时期　红菜薹播种育苗的时期应从严掌握。如播种早了,软腐病、病毒病发生严重,容易"翻蔸";播种过迟,病害虽然可以减少,但是由于生长后期的温度降低很快,植株生长速度变慢,从播种至采收的时间延长,有效采收期变短,致使产量下降,也达不到早上市的目的。张日藻于1979～1980年曾做过播期试验,结果见表3。

表 4　红菜薹播期对熟性产量、病害的影响

播种日期 (月·日)	初收期 (月·日)	播种至初收日期 (天)	产　量 (千克)	发病率 (%)	备　注
8·14	10·10	56	9.1	48.57	1. 供试品种十月
8·21	10·16	55	13.0	28.57	红二号
8·28	10·20	53	13.5	22.86	2. 小区面积6.67
9·5	11·2	58	10.0	20.00	平方米,每小区栽35
9·13	11·10	58	7.9	8.57	株
9·19	12·5	77	5.5	0	3.1980年1月25

日调查病株率

从上表资料可以看出以下几个问题:①播种期延迟,采收期也相应延迟,但是初收期延迟的天数不与推迟播种的天数同步。8月28日播种的比8月21日播种的晚7天播,但初收期却只晚4天,说明此时播种的外界环境条件更适于红菜薹的生长。而9月

19 日比 9 月 13 日播种的,只晚 6 天播,而初收期却晚 18 天,说明此时播种的菜薹植株生长发育变慢。②播种至初收天数,以 8 月下旬最短,只有 53 天。9 月 19 日播种的,长达 77 天。③不同播期的产量,也以 8 月下旬为最高,达 13 千克以上,比 8 月中旬播种的增产 42.8%,比 9 月上、中、下旬播种的分别增产 30.0%、64.5%、136.3%。因此,从产量分析,8 月下旬是最佳播期。④不同播期与发病率的关系是播种越早,发病率越高。9 月 20 日左右播种的,软腐病发病率近于零。由以上几个问题可知,红菜薹多数品种在武汉的播种期以处暑节前后为最适宜,虽上述资料以 8 月 28 日为最佳,但熟性晚一些的品种,则需提前一点才能满足其生长发育的需要。

近年来,由于许多菜市的红菜薹早上市的价格较高,不少菜农为了抢好价钱,将播种期提早至 8 月初甚至 7 月下旬就播种,经常因死株多而带来很大的损失,而且此时正值各地高温干旱季节,管理很费劲,费力不讨好。因此,菜薹想早上市应从选择早熟品种入手,不应该用中熟品种提早播种。例如,打算国庆节上市的,则宜选红杂 40;打算国庆后上市,则选红杂 50、红杂 60。

(二)播种育苗方法

1. 苗床准备　用于红菜薹播种育苗的苗床,应选在通风凉爽、土壤肥沃、排灌方便的地段。播种前 1 个月至半个月,进行翻耕炕土。播种前再耕耙 1～2 次,以达到土壤松软的目的。播种前最后一次整地时,按每 667 平方米施人、畜粪尿,最好是施猪粪尿 1 500 千克或进口复合肥 100 千克作基肥,如果苗床土比较黏重,每 667 平方米还应施用经过充分腐熟的厩肥 5 000 千克,均匀撒于土表再翻入表层土中。

2. 苗床的规格　苗床的长与宽,各地规格不尽一致。但为了管理操作方便,则以 1.7 平方米开厢,保证床面宽 1.2 米为较好,厢长则视排灌和走道的需要而定。少雨、地下水位低的地方,沟可以浅一些;湖区多雨和地下水位高的地方,厢沟需 20 厘米以上。厢开好后,将厢面整平,但不宜将土整得太细,以免浇水后造成土壤板结,影响出苗。

3. 播种　育苗一般都采用撒播方式,每 667 平方米用种 0.8～1 千克,约可供 1.3 公顷大田种植。播种后用浅齿耙轻轻耙一遍,将种子耙入土中,切忌覆土过深,覆土厚度以不超过 1 厘米为好,避免出苗困难。覆土后浇足水,盖上冷凉纱。

(三)苗床管理

1. 浇水　播种后,如土壤水分适宜 3 天便可出苗,应注意及时将冷凉纱揭掉。如果土壤水分不足,则应及时浇水,以保证出苗的需要。出苗之后,要注意幼苗生长情况进行水分管理。如幼苗子叶发暗,表示水分不足,须马上浇水;如幼苗脚高,子叶色浅绿,则宜控制水分。需要浇水时,一次要浇足,不要经常浇。

2. 追肥　育苗期间一般应追两次肥,第一次于第一片真叶长出时进行,第二次于第二次间苗后进行。追肥可用腐熟的稀薄粪汁,也可用尿素对水结合浇水进行。

3. 间苗　间苗是培育壮苗的技术措施之一,一般分 2～3 次进行。第一次间苗在第一片真叶期,将过密处的苗间掉一些。第二次间苗在 3 叶期,间掉部分拥挤苗。第三次间苗在定植前 5 天进行,间掉拥挤处的弱苗,并注意去杂,最后按 5 厘米的间隔留苗。不间苗或留苗过密,会育成高脚苗,定植不易成活,对以后的生长发育影响很大。间苗时应将有毛的、颜色及形态不正常的劣苗、杂苗拔干净,并结合进行除草。

4. 病虫防治　红菜薹出苗后,黄条跳甲为害特别严重,随后可能发生菜螟、菜青虫和小菜蛾等害虫,有时还有蚜虫,应随时注意观察,及时予以防治。

5. 苗龄　红菜薹的苗龄,早熟种和极早熟种以 22 天左右为好。如苗龄过长,易发生老苗和早抽薹现象。因为其早熟性是从菜心转育过来的,所以对低温要求不严,遇上高温、长日照,营养生长受抑制时,就会发生早抽薹。这是种植早熟、极早熟品种时必须重视的问题。中熟品种苗龄以 25 天左右为好,中晚熟品种苗龄可以在 30 天左右定植,但超过 30 天,幼苗质量下降,将对定植后的生长发育不利,即所谓"不栽满月苗"。

二、整地做畦

(一)深翻炕地施基肥

1. 深耕　红菜薹生长期长,而且要求肥沃湿润的土壤条件,因此必须通过整地来创造土壤良好的保水性和保肥性。深耕可造成深厚的松软土层,使根群分布更深,也可扩大其吸收水分和营养的范围,对红菜薹生长是有利的。因此,耕地时深度一般应达到 20～25 厘米。

2. 炕地　种植红菜薹的土地,应在耕翻后炕晒 10～20 天。凡经过充分炕晒的土地,栽苗后发棵快,生长势更强。在长江流域,特别是湖北、湖南、四川等省,除大中城市近郊用老菜地种菜薹外,远郊广大农村,常在早、中稻收获后栽一季红菜薹。如果用水稻田栽红菜薹,炕地则显得更为重要。一般是将板田耕翻后,令土垡晒干枯,用水浇后自行"爆垡"再抢墒耙田。随后再耕翻,再晒地,待耕作层晒枯后,再抢墒耙地,经过两次炕晒耕耙,土块就比较小了。老菜园通过炕晒,可消灭一些病虫害,同时可以增强土壤透气性,菜薹苗栽后将很快发根。

3. 施基肥　红菜薹虽产量不算高,但其生物学产量很高,因此在其全生育期中需肥量很大,所以必须施足基肥。基肥施用量视土壤肥力、肥料的质量和前作而定。如果前作是耗肥力很强的水稻、棉花、玉米、茄子、高粱等作物,则基肥应重施,每 667 平方米应施有机堆肥 2 500 千克以上,或饼肥 100～200 千克,在最后一次耕地前撒于土表再翻入土中,也可每 667 平方米用进口复合肥

50千克、过磷酸钙50千克、氯化钾50千克,施肥方法同上。但南方采用埂种沟灌的高畦栽培方法时,化肥也可在开好大厢后,在做高小畦前撒于土表,立即用起垄沟的土将肥盖住。如果土地为老菜园或前作施肥很多,则可稍少施。但如肥料质量很差,需增加施肥量。

(二)开沟整地 开沟整地之前,首先要考虑的是当地红菜薹栽培季节的降水量、灌溉条件和土壤性质。在长江流域或华南地区,种植红菜薹的秋冬季节,有时降雨量很大,需有良好的田间排水系统,而天旱时又需要良好的灌水条件。为了适应生产的需要,武汉市菜农创造的深沟高畦、埂种沟灌的栽培方法,较好地解决了排与灌的问题。因此,在南方广大地区可参照使用。但在南方地下水位较高的砂壤地上,特别是那些灌溉条件较差的地区,则宜采用宽厢栽培,不宜起高畦,但厢沟宜深一点,以便于下大暴雨时排水。像湖北江汉平原、湖南洞庭湖、江西鄱阳湖、江苏洪泽湖和太湖及长江流域的冲积平原地区土壤,大多地下水位较高,属于农民所说的潮沙土,白天太阳晒枯了表土,但晚上地下水通过毛细现象又升到土表,比较耐旱。我国内蒙古、陕西、宁夏、甘肃、青海、新疆等省(自治区)四季少雨,栽红菜薹也应像栽种其他作物一样,采用低厢栽培,这主要考虑的是有利于灌水和保水。华北平原广大地区土壤结构较好,透水性强,因此不少地方也采用低厢栽培,但也有很多地方采用宽平厢或高畦栽培,可参照使用。以下重点介绍宽高厢、埂种沟灌和宽低厢三种栽培方法的开沟整地方法。

1. **宽高厢开沟做厢** 土地耕耙好以后,按2~3米开厢,沟深20厘米以上,以便于排水。将厢面整平即可,沟在厢面之下(沟就是走道)。该方式适宜于地下水位较高的潮沙土地。厢不宜过宽,因为红菜薹为多次采收蔬菜,厢宽了采收时就必然在厢面上踩去踩来,会损伤莲座叶,为病害侵入创造条件,同时会踩实土壤。

2. **深沟高畦开沟做畦** 土地耕耙平整后,按4~5米开厢沟,沟深 20 厘米以上。再在宽厢上按 1.2 米横开畦沟,沟深 15 厘米。也可将整块土地按 1.2 米开畦沟,不开厢。如果土地太大,为便于排水,在地中间每隔 10 米再开横向沟。苗栽在畦上,每畦栽 2 行。

3. 低厢整地做畦 采用这种栽培方法时,厢面比走道低。地整好后一般先按 8～10 米开排水沟,灌水沟应高于厢面,排水沟应低于厢面,灌(排)水沟按 1∶1 相间设制,即一条灌水沟管两大厢的灌水;同样,一条排水沟也负责两大厢的排水。然后在大厢上按 1.2～1.4 米做埂,畦埂高 15～20 厘米,再将取土后的畦面整平,每畦种 2 行。

三、定　植

(一)苗龄及壮苗标准

1. 苗龄 红菜薹定植时的苗龄一般为 20～30 天,依品种熟性而异。在良好的育苗条件下,极早熟和早熟的红杂 40、红杂 50、华红一号、二号定植时,苗龄应控制在 20～22 天。红杂 60 和十月红一号、二号以 25 天左右为好,红杂 70、大股子、胭脂红、阉鸡尾等品种以 25～30 天为好。有些菜农不分什么品种都栽满月苗,那是不妥的。早熟品种苗长大后如不及时定植,易在苗床中发生抽薹。因为没分栽,它们得不到生长发育所需的营养条件,所以就发生未熟抽薹,这是很多作物常见的返祖现象。有人会问,那些中、晚熟品种为什么不抽薹?道理很简单,因为中晚熟品种的冬性较强,它必须经历较低温度的刺激,才能抽薹,所以中、晚熟品种播种再早,也不一定发生未熟抽薹。但如果苗床瘠薄、高温、干燥等凑在一起,也可能会发生部分抽薹。

2. 壮苗标准 每个菜农都有自己的壮苗标准,壮苗栽后容易成活,不易死苗。而那些瘦弱苗栽后,长时间处于萎蔫状态,很难恢复正常生长,稍不小心就死了。因此,育苗时必须育出壮苗,这是保证丰产的先决条件。壮苗的标准是:① 上、下胚轴短粗、无弯曲,叶柄、茎秆为紫红色;② 幼苗上具 5～7 片正常叶,叶片较厚,叶色绿;③ 苗心正常,叶片无病虫危害;④ 幼苗根系发达,无根部病害。这样的幼苗只有在苗床中苗较稀时才有可能培育出来。有的菜农为了节省苗床,幼苗拥挤,结果培育出来的都是白秆细弱苗,这种做法不宜提倡。

(二)种植密度 成熟早晚不同的品种的种植密度如下。

1. **早熟、极早熟品种** 可按行距 55 厘米、株距 30 厘米种植,每 667 平方米栽 4 000 株左右。

2. **中熟品种** 按行距 60 厘米、株距 35 厘米种植,每 667 平方米栽 3 000 株左右。

3. **中晚及晚熟品种** 按行距 65 厘米、株距 35～40 厘米种植,每 667 平方米栽 2 700 株左右。

以上种植密度适宜于秋冬栽培、越冬栽培和春季栽培。由于植株较小,其种植密度可相应增加 20%～30%。

(三)种植方法 一般都是在已整好的畦面上按行株距,用小栽锄边挖穴边栽苗。种植深度以埋没下胚轴为原则,不可将苗心埋入土中。有灌溉条件的地方,栽苗后即浇定根水,待全田栽完后,灌 1 次水,使畦土充分吸水,即可保幼苗成活。在无灌溉条件的地方,定根水要多浇一些,而且第二、第三天还得复浇 2 次水,才能保证幼苗成活。栽苗宜选阴天或晴天下午进行,以利于幼苗尽快发根成活。

四、田间管理

(一)补苗 红菜薹定植后因气候、浇水、病虫及幼苗纤弱等原因,常造成缺苗或严重缺苗,为了使植株生长整齐,必须及时进行 1～2 次补苗,需要补苗的必须在 10 天内完成。第一次可在定植后 3～4 天进行,主要补那些没栽活的植株;第二次在定植后 7～10 天进行,主要补因病虫和灌水不当或天气不好造成的缺株。补苗用的幼苗必须事先准备好。一是苗床没栽完的苗,二是在定植时,在每个畦的中间栽一些备用苗。补苗前先在缺株的部位挖小穴,穴的大小视田间植株大小而定,植株大则需大一些,深一些,反之则可小一点,将带土挖起的苗小心置于穴中,不要将土弄破损伤小苗根群,致使其难于成活。苗栽后要及时浇水,太阳大时第二天或第三天还需浇 1～2 次水,直至植株成活为止。苗补迟了会造成田间植株参差不齐。

(二)灌水和排水

1. 灌水　红菜薹生长期很长,定植时气温还较高,如 7～10 天不下雨就应浇水或灌水。特别是莲座叶形成期和侧薹采收时期,此时植株生长很快,如稍有缺水,就会造成叶片萎蔫,影响植株光合作用的正常进行。每次灌水要保证水分能渗透 20 厘米的土层。如灌水太少过不了几天又要灌。但灌水不要过多,多余的水要排掉,否则会造成渍水沤根而导致植株死亡。

2. 排水　夏秋季节,在我国多数地区雨水较多,常常是旱涝交替。华南地区八九月份还常有台风暴雨袭击。因此,栽培红菜薹在注意灌水的同时,也必须做好排水管理。首先,在整地时,要开好排水沟,即所谓三沟配套,田间的围沟、厢沟和畦沟配套,围沟最深需 30 厘米左右,厢沟深 25 厘米左右,畦沟深 20 厘米左右;其次,要保持沟沟畅通,因为天旱时经常灌水,需要堵塞部分沟道,如遇变天,必须彻底清除堵塞的泥土,以免下雨时措手不及,等到下雨时再来清沟就晚了;第三,田间该排的水要一次排清,不能让厢沟或畦沟有渍水。红菜薹对渍水反应很敏感,渍水的害处,一是因土壤透气不良,易引起沤根、烂根,造成死苗,不论植株大小,这种现象经常发生;二是渍水时,土面过于潮湿,易引发软腐病,也会造成死株或"翻苑"。

(三)中耕除草　红菜薹在其约 180 天的生育期内,大雨、暴雨和灌溉都会造成土壤板结,因此中耕松土在所难免。但红菜薹能中耕松土的时间只有定植后的 1 个多月,需中耕 1~2 次。一般土壤板结时才中耕,有草时结合除草,但早期因土地经过炕晒,一般草较少。中耕的目的主要是松土,以创造透气性良好的土壤条件,增强根部的吸收性能。

除草主要在菜薹生长的中后期进行。当植株莲座叶形成以后,畦面已被叶片层层覆盖,很难长草,但当初生莲座叶衰亡、脱落、干枯后,不仅畦面露出空隙,且畦旁、畦沟和厢沟的杂草都相继滋生,生长繁茂,如不及时除去,其吸肥很凶。因此,发现有草就应及时除去,至少每月需除 1 次。草多时可用锄挖,草少时也可以用手拔。但中耕挖松的沟土要培上畦面。

如果红菜薹苗育得不好,长成了高脚苗,则中耕时可结合培土,将菜苗的高脚埋入土中,将苗扶正。高脚不盖住,长大以后植株歪向一边,生长不正常,也会影响产量。

(四)追　肥

1. **提苗肥**　于定植后 7 天左右,当幼苗成活后,此时新根已经发生,应及时追施提苗肥,以加快幼苗生长。此次追肥要用供苗叶生长的速效肥,一般每 667 平方米可施用尿素 10 千克,对水 1 000 升。或用稀粪水 1 000 千克浇施于根际周围。此时植株幼嫩,根系分布范围小,故对肥的浓度反应很敏感,浓度稍大就可能烧苗。

2. **莲座肥**　第一次追肥后约 20 天左右,苗叶已长齐,同时开始长出肥大的初生莲座叶,此时需重施 1 次追肥,以满足庞大的初生莲座叶和主薹生长发育的需要。此次最好速效肥与长效肥兼施,如饼肥、稠人粪尿和猪粪水、鸡鸭粪等和复合肥,尿素、氯化钾等。施用方法,可于畦中间开沟,将肥撒在沟内,再用土盖严。施用量可按每 667 平方米 1 500 千克人、畜粪尿加 15 千克尿素,或 30 千克复合肥加 10 千克尿素。

3. **促薹肥**　促薹肥于主薹采收后施下,可在植株外侧株间挖穴施入,用清沟的土将肥盖住,每 667 平方米可用尿素 10 千克加氯化钾 10 千克。其作用主要是供次生莲座叶和侧薹生长发育的需要。

4. 保叶保薹肥 侧薹采收完后,视植株生长情况,每采收 3～5 次追 1 次肥,每 667 平方米施尿素 10 千克,以维持次生莲座叶和再生莲座叶的功能,保证孙薹和曾孙薹的抽出。这两级薹在肥水条件好时,抽出的薹具有商品价值;肥水条件不良时,抽出的薹瘦弱短小,无商品价值。

(五)病虫害防治 红菜薹的主要病害有软腐病、病毒病、霜霉病、黑斑病、白斑病、黑腐病、菌核病和根肿病等,主要害虫有菜蚜、菜蛾、菜螟、菜粉蝶、黄条跳甲及斜纹夜蛾等,其症状、发生规律和防治方法见第四篇第十六、第十七章。

(六)采 收

1. **红菜薹采收的标准**

(1)按菜薹长短确定 一般菜薹长至 25 厘米左右即可采收,但菜薹的长短受品种和栽培条件制约,如红杂 60 和十月红一号、二号的菜薹均较长,可达 35 厘米,如薹长为 25 厘米就采收,会影响产量。而成都胭脂红菜薹很短,25 厘米采收可能就老了,所以采收还得参考第二个标准。

(2)以始花前后作为采收标准 一般品种可用这个标准,但对那些现蕾后菜薹节间尚未伸长的品种来说就不适用。在配制一代杂种过程中,就出现过这种情况。如果有的生产者栽培这类品种,应以薹长作为采收标准。

2. **菜薹采收的时间** 菜薹应在晴天下午采收,因为晴天下午气温较好,采收后的伤口容易愈合,同时下午菜薹叶柄、叶片均较柔软,不易为采薹的操作所折损,这样做可减少病害。上午因植株张力较强,很易弄断叶片。雨前采薹,伤口不易愈合,而雨后采收则易踩紧园土,亦不可取。

3. 采收的方法　采收红菜薹最好用专门的采薹刀切断菜薹,如没有专用刀也可用普通小刀,但刀口一定要锋利。有些人为了方便,就用手掐,先用大拇指指甲将薹掐断一边,再顺手一掰,菜薹即断。一般是右手采收,左手抱薹。下手采收的部位,应从开始伸长的那个节开始。如下手太低,就将莲座叶掐掉了;下手太高,不仅影响产量,而且因留节太多,会使下一茬薹变得纤细。原则上掐主薹宜低,但不要带大叶;掐侧薹时基部留3~5片叶,掐孙薹时基部留1~2片叶,再以后掐薹就可从基部全掐掉。

薹采收完后全部运回屋内扎把,一般按1千克左右用稻草将菜薹捆起来,以便于销售。扎把时要将菜薹弄齐,开花多的要打掉一些花,叶子太大的宜摘除,个别菜薹过长的要打短一些。如果进超市销售,还应按薹粗细分级,基部参差不齐的要用刀切齐,让人看了很满意,对消费者才有吸引力。

(七)红菜薹的冻害及防冻　红菜薹需在露地越冬,而菜薹又不耐冻,所以在有冰雪霜冻的地区栽培,常有冻害发生。

1. 红菜薹受冻的几种表现

(1)轻微冻害　当气温下降至0℃以下时,表现为叶片硬脆,折之易破,菜薹也变僵硬,其原因是叶薹内水分结冰。当解冻后,叶薹恢复正常,但稍显柔软,菜薹仍可食用。

(2)中度冻害　当气温降至-3℃ ~ -4℃时,薹叶表现僵硬,易破易断,但解冻后叶片稍萎蔫,菜薹内部组织遭破坏,呈水渍状,食之有异味,不能食用。

(3)重度冻害　当气温降至更低或持续时间太长,则薹叶全部结冰,解冻后叶、薹都塌在地面,逐渐死去,以至干枯,但当气温回升后薹基部还可发出新叶,抽出新薹。

(4)致死冻害　当重度冻害时,气温回升也不能恢复生长,以至逐渐枯死。

武汉地区1类冻害年年有,2类冻害常出现,3类冻害较少,4

类冻害少见,10年左右可能有1次。

2. **防止冻害的措施** 由于冻害是低温造成的,所以一切保温措施都有防冻的效果。而受冻程度又与品种和植株的株龄有关,因此必须采用综合措施才能防止或减轻冻害。

(1)合理选用品种 早熟栽培要选用早熟品种,如果作越冬栽培要选抗寒性较强的中晚熟品种。

(2)调整播期 适当晚播,越冬栽培者和选种、留种的地块推迟至9月底、10月初播种,越冬时刚进入抽薹采收期,植株正值旺盛生育期,对低温抵抗力较强,可较安全地越冬,虽有外叶受冻,但开春后新薹、新叶可正常抽出,对产量影响不大。

(3)覆盖 在积雪覆盖下地面温度维持在−1℃～−2℃,而此时裸地温度已达−10℃;一层薄膜覆盖可提高地面温度1℃～2℃;凡用导热性差的物品如稻草、草包等覆盖都有良好的保温作用,因为覆盖可大量保持地下辐射热于地表,所以覆盖后红菜薹的根部可免受冻害或减轻冻害,气温回升后可恢复生长。

(4)灌溉 灌溉除可满足农田对水分的需要外,对改良土壤和贴地层的热状况和湿润状况也有很好的作用。在寒冷的冬天,灌水地段的温度总比未灌水地段高,因为灌水后增加了土壤的热容量,使地面温度和地下5厘米处温度高1.8℃～3.4℃。灌后浅锄则保温效果更好。

(5)熏烟法 其基本原理是通过发烟的化学药品和其他物质燃烧产生大量烟雾,在农田上方形成一层烟雾,以减少农田本身的有效辐射,防止温度进一步下降。作业时间一般在夜温降至0℃以前开始,在日出后1～2小时结束。

(6)使用土面增温剂 土面增温剂是一种农田膏状覆盖物,使用时要加水稀释,然后用喷雾器喷洒在地面上,经3～4小时后在地面形成一层均匀的薄膜,可以有效地抑制土壤水分蒸发,具有增温和防止风吹水触的作用,可增温2℃左右。

第八章　长江流域红菜薹的栽培

　　长江流域主要是湖北、湖南、四川、云南、贵州、江西、浙江、江苏、安徽和上海、重庆等11个省(直辖市)，包括约200万平方千米的土地和5.4亿人口的广大地区。这个地区大中城市多，地形复杂，生态条件多样，人们的消费习惯各异，也是红菜薹的主产区。因此，应该利用有利的条件，采用多种栽培形式，生产出更多的优质红菜薹以满足本地区城乡居民的需要，同时地方政府应该重点培养几个生产基地，组织红菜薹外销。现针对该地区情况，提出一些栽培制度，供各地有关部门、蔬菜基地和菜农参考。但这里只强调各种栽培制度中需特别说明的地方，一般的栽培技术详见第七章。

一、秋冬栽培

　　秋冬栽培是目前红菜薹的主要栽培季节。

　　(一)分布地区　适宜红菜薹秋冬栽培的省(直辖市)主要有湖北、湖南、江西、四川、安徽、江苏、浙江、上海、重庆的低海拔平原地区，或河谷地带。

　　(二)栽培季节　在上述大片地区，大多是夏季炎热，秋季凉爽，冬天寒冷。其气温变化(以省会城市为代表)见表5。

表5　红菜薹秋冬栽培地区主要城市气温　(℃)

城　市	1月	2月	3月	4月	5月	6月	7月	8月	9月	10月	11月	12月	全年平均
成　都	5.6	7.6	12.1	17.0	21.1	23.7	25.8	25.1	21.4	16.7	12.0	7.3	16.3
武　汉	2.8	5.0	10.0	16.0	21.3	25.8	29.0	28.5	23.6	17.5	11.2	5.3	16.3
长　沙	4.6	6.2	10.9	16.7	21.7	26.0	29.5	28.9	24.5	18.5	12.5	7.0	17.2

续表 5

城　市	1月	2月	3月	4月	5月	6月	7月	8月	9月	10月	11月	12月	全年平均
南　昌	4.9	6.3	10.9	17.0	22.0	25.7	29.7	29.4	25.1	18.9	13.1	7.3	17.5
合　肥	1.9	4.2	9.2	15.3	20.7	25.1	28.5	28.2	23.0	17.0	10.6	4.6	15.7
南　京	1.9	3.8	8.4	14.7	20.0	24.5	28.2	27.9	22.9	16.9	10.7	4.5	15.4
杭　州	3.6	5.0	9.2	15.1	20.2	24.3	26.7	28.2	23.5	17.4	12.1	6.1	16.1
上　海	3.3	4.6	8.3	13.8	18.8	23.2	27.9	27.9	23.8	17.9	12.5	6.2	15.7

从表 5 可以看出,长江流域的气候特点是:1 月严寒,气温在 3℃左右,不适于任何农作物生长,且有灾害性的冷冻天气。在无灾害性冷冻出现的时候,菜薹可以缓慢地生长,其生长速度完全取决于温度高低,连续晴几天,菜薹便可抽出来,阴雨天则生长更慢。

这里需要强调的是,在红菜薹栽培过程中,经常发生的低温冻害问题,总的来讲,冻害不是每年都有,但一旦发生,则会严重影响产量。也可以说,只要地面发生冰冻,菜薹便会发生程度不同的冻害:轻霜(露水霜)不会受冻;严霜(地面结冰)肯定受冻,轻者菜薹部分受冻,严重者菜薹结冰,薹肉受损,失去食用价值,但植株不会死,莲座叶受冻较轻,植株还会继续抽出新薹;雪天,下雹、雪,雪很快融化,则菜薹不会受冻;如果下雪后接着结冰,则有两种情况,一是雪很厚,冰结在雪表面,则受冻较轻,雪化后仍会抽薹,另一种情况是雪很少,菜薹裸露遭冰冻,且持续时间较长(数天),则植株可能被冻死。因此,12 月至翌年 1 月要特别注意天气预报,抢在冻害之前采收菜薹。

2 月份和 12 月份,月平均气温在 4℃～7℃,菜薹生长比 1 月份快,是菜薹采收的高峰期。3、4、5 月和 9、10、11 月这 6 个月是适宜菜薹生长的凉爽天气,但 3、4、5 月份更有利于发育,因为前期温度较低,利于通过春化,随之而来的又是长日照,植株抽薹加快,莲座叶来不及形成就抽薹了,所以单株薹数较少,而且很快就开花;9、10、11 月这 3 个月与春季 3 个月气温和日照出现刚好相反,前期温度高,后期温度低,有利于红菜薹的生长和产品器官的形成,初生莲座叶、次生莲座叶、再生莲座叶均可从容地形成,为菜薹的形成打好了基础。因此,秋冬栽培的红菜薹产量比春季栽培的高很多。

6、7、8 月份温度在 25℃～29℃,而半耐寒的红菜薹同化作用最旺盛的温度为 17℃～20℃,超过 20℃时功能逐步减弱;超过30℃时,同化作用所积累的物质几乎全为呼吸所消耗。许多菜农在 8 月上中旬甚至 7 月下旬就种红菜薹,肯定是费力不讨好,甚至失败。

从上述气温分析可以得出结论:8 月 20 日左右播种,9 月中旬定植,定植后 30～40 天形成初生莲座叶和主薹,进入采收期。11～12 月份为采收盛期,极早熟和早熟品种元旦前后可采收完,早中熟品种春节前采收完,中晚熟品种一直可以采收至春节后,此时产量虽高,但售价较低。

(三)品种选择 秋冬栽培是一个主要栽培季节,种植品种主要根据生产和市场的需要而定,如果 10 月份菜价好,则宜种植红杂 50、红杂 60;如果需要采收期长一点,则宜选用红杂 70、十月红一号、十月红二号、湘红九月、大股子和胭脂红等。

(四)播种育苗 秋冬栽培的红菜薹于夏末播种,正处于高温季节,播种育苗时为了确保育出壮苗,应注意以下几点:①苗床土要多掺入一些有机质,以避免雨后或洒水后土壤板结。②在苗床上设置拱棚,其顶上盖薄膜,膜上再盖冷凉纱,以防雨和遮光。但注意薄膜两边要敞开,出苗后冷凉纱只在下午 3～4 时盖。③苗床面积宜大一些,苗稀一点,以防幼苗拥挤而育成纤弱苗,定植后难成活,造成缺株,或使田间植株生长参差不齐。

关于育苗的详细技术,可参考第七章育苗部分。

(五)栽培要点

1. 选苗　尽管栽培技术书上强调要育壮苗,但在定植时仍会出现一些纤弱苗,还有一些根颈部皮层坏死脱落的苗,这类苗定植后,新根很难发生,所以成活慢,必须淘汰。

2. 浇水保苗　9月中下旬红菜薹定植时,气温还相当高,有时还遇干旱,所以幼苗定植后,必须尽快浇好定根水,随后灌1次保苗水,保证栽下地的苗棵棵成活。如果灌溉沟渠配套,也可将水引至大沟中,边栽苗边浇水。这样浇灌一次水就可满足幼苗需要,保证成活。苗成活以后,当天气干旱,土壤干燥时,应及时灌水,保障植株生长发育。

3. 补苗　尽管在栽培上我们做得很好,但由于此时气候多高温、干旱,有时还有暴雨,所以田间死株缺苗在所难免。因此,及时补苗是栽培过程中不可缺少的一环,以确保全苗,为丰产创造条件。

4. 采收　秋冬栽培的红菜薹,在现有品种中,有的主薹纤细,品质不够好,食用价值较差,所以有经验的菜农常待主薹一抽出就掐掉,以采收子、孙薹为主。

二、越冬栽培

所谓越冬栽培就是年前种,年后收的栽培,该茬菜薹可供应蔬菜的春淡市场,或向北方调运。

(一)主要栽培省、市　越冬栽培红菜薹目前还较少,只在湖北省有少数农民在试种,但理论上长江流域各省、市都可栽培,尤其冬季气温较武汉地区高的地方,如昆明、成都、重庆、南昌、长沙等市均可栽培。

(二)栽培季节　从上述表4的气象资料分析,长江流域冬天12月、1月、2月3个月内,常有农业灾害性天气出现。对于半耐寒的红菜薹而言,就是霜、雪冰冻,最严重时可将植株全部冻死。笔者在武汉从事红菜薹育种 20 多年,有 3 年的菜薹就被冻死,多数年份还是安全越冬了,但短时嫩茎受冻的年份则较多。欲要越冬栽培成功,要采取措施避开或减轻冻害损失,主要从 3 个方面入手:一是选择合适的播种期,二是选择适宜品种,三是与之相应的栽培措施。

考虑播种期时,应该尽量保证产量较多,又可利用红菜薹营养体具有耐低温性较强的特点度过严冬 1 月。要想使红菜薹有较高的产量,就必须在抽薹之前形成强大的莲座叶,初生莲座叶多,抽薹才多。表 6 是笔者越冬栽培的侧薹统计。

表 6　不同播期对十月红二号侧薹数的影响　(1983)

侧薹数　　株号 播期(月·日)	1	2	3	4	5	6	7	8	9	10	Σ	$\bar{x}$
9·22	7	9	8	12	9	13					58	9.7
10·7	9	7	8	10	6	10	10	6	8	4	78	7.8
10·22	7	6	7	4	6	6	7	6	7		60	6.0
11·6	2	3	3	3	5	5					21	3.5
11·22	1	1	1	1	1	1					6	1.0

注:Σ为总和,$\bar{x}$为平均值

单从薹数考虑,9 月 22 日播种的平均每株 9.7 根,10 月 7 日的为 7.8 根,10 月 22 日的为 6 根,11 月 6 日的为 3.5 根,11 月 22 日的最少,只有 1 根。但从开始采收的时期分析,9 月 22 日播种的为 12 月 30 日采收,10 月 7 日播种的为翌年 2 月 2 日采收,10 月 22 日播种的为翌年 2 月 18 日采收,第一播期正值严寒期进入抽薹期,植株耐低温能力降低,而第二、第三播期在 2 月 2 日和 2 月 18 日开始采收,刚好在春节前后开始采收,以莲座叶形态越过

1月份,比第一播期更安全。所以10月7日至10月22日为越冬菜薹的最佳播期。

(三)品种选择 作越冬栽培宜选择耐寒性较强、生育期稍长的品种,如十月红一号、十月红二号和红杂70、绿叶大股子、成都胭脂红、阉鸡尾等。各地可根据当地消费习惯选择合适的品种。

(四)栽培要点 越冬栽培由于在10月上中旬播种,历经10月、11月、12月、翌年1月份形成莲座叶,都是在冷凉气候下生长,虽说生长良好,病虫害少,但由于气温低,无论莲座叶,还是嫩薹的生长都比较缓慢。在栽培技术上,应注意以下问题。

1. **定植苗龄** 需30~40天。

2. **定植密度** 由于越冬栽培比秋冬栽培植株稍小,所以种植密度可稍大一点,可按1.1米开沟做垄,宽窄行种植2行,宽行70厘米,窄行40厘米,株距30厘米。每667平方米约栽5 000株。

3. **注意灌水** 秋末冬初时多干旱,要及时灌水,特别是莲座叶生长期需水量很大,要满足其需要。

4. **防治蚜虫** 冬天其他虫害、病害少,但蚜虫有时很多,需经常观察,发现蚜虫要及时喷药预防。防治不及时,可能成片被害致死。

5. **施肥** 为了促进莲座叶形成,定植后5~7天必须追施提苗肥,植株封行前,在垄中间沟施1次重肥,供初生莲座叶和次生莲座叶生长发育的需要。12月下旬至翌年2月初,适当增施磷、钾肥,控制施氮肥,以提高植株的耐寒性。

6. **采收** 除正常采收外,在严霜或冰冻来临前,应将田间已抽出的薹全部掐掉。以免冻坏丧失商品价值。

7. **产量** 每667平方米产量1 000~1 500千克。

三、春季栽培

所谓春季栽培就是春节前在大棚中播种育苗,2月份定植于大田的这季栽培。秋冬栽培和越冬栽培的红菜薹一般在2月中下旬即罢园,有的虽有些薹,但很纤细,商品性差,食用品质下降。春季栽培的菜薹正好接着上市,供应3～4月份的市场,满足人们对红菜薹的需要,也可弥补春淡季菜源的不足,还可远销华北、西北、东北地区大中城市。

(一)主要栽培省、市　长江流域各省(直辖市)均可进行春季栽培(同秋冬栽培的省、直辖市)。

(二)品种选择　宜选冬性较强的中熟或中晚熟品种,如红杂70、华红5号、大股子等。

(三)栽培季节

1. **春季栽培的气候特点**　这个栽培季节的气温是由低到高,与红菜薹生长发育对温度的要求刚好相反,因为前期高温有利于莲座叶的形成,后期低温有利于抽薹,现在是前期低温不利于长叶而有利于抽薹。现以武汉市和长沙市1～5月份的温度为例略加说明(表7)。

表7　武汉、长沙市1～5月份气温变化　(℃)

月　份	武　汉			长　沙		
	上　旬	中　旬	下　旬	上　旬	中　旬	下　旬
1　月	2.4	2.7	3.4	4.7	5.0	5.5
2　月	3.9	5.3	5.1	5.9	6.9	8.2
3　月	7.7	10.8	11.1	9.0	12.1	12.1
4　月	13.6	16.2	17.6	14.4	16.9	18.7
5　月	19.8	21.2	23.7	20.5	22.0	24.3

2. **气温变化对植株生长发育的影响**　从表中气温可以看出,武汉、长沙两市1～2月份气温均在8℃以下,显然不利于莲座叶的形成,而是有利于红菜薹通过低温春化,使莲座叶生长不足即进

入抽薹阶段。1997 年 1 月 16 日,笔者曾播种 60 个株系或品种,莲座叶 4～6 片,开展度 50～60 厘米,于 3 月中旬先后抽薹,侧薹数一般只有 2～3 个,比秋季栽培少了一半。3 月份的气温在 10℃左右,4 月份也在 20℃以下,说明 3～4 月的气温是有利于菜薹生长的,这就要求我们种植者要通过栽培措施来调节菜薹的生长发育。对此将在后面分析。

(四)栽培技术要点 一切栽培措施都是为了促进植株营养生长,以形成一定大小的莲座叶,防止抽薹过快,薹太纤细。

1. **利用保护措施** 1 月份正是长江流域气温最低的时候,露地育苗不易成功,但利用小拱棚、中棚和大棚温室育苗,是很容易获得成功的。可于 1 月上中旬播种,这样可具有 30～40 天的苗龄,于 2 月下旬气温开始回升时将小苗移栽下地。

保护地育苗还有另一个作用,就是以其较高的温度阻滞菜薹过快地通过春化,为定植后莲座叶的生长创造条件。

2. **抢晴天定植** 长江流域 2 月份多阴雨天,这种天气温度很低,栽苗不易发根。应根据天气预报,选择雨过天晴的日期定植,这样温度回升快,小苗容易发根,有利于植株的营养体生长。

3. **施足基肥,早追氮肥** 为了使幼苗栽下地以后能迅速长根,所以整地时要施足基肥,按每 667 平方米施复合肥 50 千克,氯化钾 50 千克,尿素 30 千克。定植成活后再追尿素 10 千克。封行前再追一次复合肥。控制发育,促进营养体生长。

4. **密植** 由于春季栽培莲座叶较小,所以定植时要栽密一些。可按 40 厘米行距、30 厘米株距栽苗,每 667 平方米约栽 5 500 株。

5. **注意排水** 春天雨水多,事先要开好排水沟,做到排水顺畅,田间不能积水,以防止烂根死苗。

6. **注意防治菜青虫等害虫** 3～4 月份病虫害较多,特别是菜青虫等为害猖獗,不能马虎,要注意防治。

四、高山夏季栽培

(一)适宜栽培地区

适宜夏季栽培红菜薹的高山,是指长江流域海拔在 1 000 米以上的高山,湖北、湖南、江西、四川、贵州等省海拔 1 000 米以上的高山都较多。湖北省宜昌市长阳土家族自治县的文家坪就做过红菜薹的栽培试验,其结果与平原地区早春栽培近似,植株较小,每株抽薹较少。

(二)栽培季节气候特点

1. 种植季节　根据市场的需要和气温变化规律,海拔 1 400 米以上地区,1 年种 1 茬。但海拔 1 000 米左右的地区 1 年可种两茬。

2. 气温变化　现以湖北省海拔 1 071 米的恩施土家族苗族自治州利川市和海拔 1 819.3 米的巴东县绿葱坡(北纬 30°47′)的气温加以说明(表 8)。

表 8　利川、绿葱坡 4~10 月份气温变化　(℃)

月　份	利　川			绿　葱　坡		
	上　旬	中　旬	下　旬	上　旬	中　旬	下　旬
4　月	10.9	12.7	15.2	5.9	7.9	10.1
5　月	16.0	16.9	18.3	10.6	11.4	13.6
6　月	19.4	19.8	21.5	14.8	15.7	16.5
7　月	22.8	23.4	23.8	17.5	18.4	18.9
8　月	23.3	22.7	22.1	18.3	17.8	17.4
9　月	20.4	17.8	17.1	15.2	13.0	12.0
10　月	15.1	13.5	11.9	10.2	8.6	7.0

按照红菜薹生长发育对温度的要求,海拔 1 400 米以上地区,1 年只能种 1 季,越夏的时候均处于冷凉气候,雨水也较多,很适合菜薹生长。可于 4 月份播种,5～6 月份定植,7～9 月份采收。栽培过早容易发生过早抽薹,晚了遇上后期冰霜,抽薹困难。同时,高山栽培红菜薹除少量自食外,主要销往平原地区的大中小城市,7～9 月份正值高温下的蔬菜淡季,此时红菜薹也没上市。海拔 1 000 米地区 1 年可种 2 茬,春季可于 3 月份播种,4 月份定植,6～7 月份采收;夏秋季栽培可于 5 月份播种,6 月份定植,8～10 月份采收。夏秋季栽培比春季产量高,且品质较好。

(三)品种选择 高山地形复杂,气候变化也大,因此对品种的要求也多样。海拔 1 400 米以上地区宜选择生育期较长的品种,如十月红一号、十月红二号,红杂 70 和大股子,胭脂红、阉鸡尾等。而海拔 1 000 米左右的地区,春季宜选十月红一号、十月红二号、红杂 70 等,夏秋季宜选红杂 60、红杂 70、湘红二号等。

(四)栽培技术要点

1. **利用小拱棚育苗** 春季栽培利用小拱棚保温防冻,夏秋季利用小拱棚加冷凉纱降温、防暴雨、冰雹等袭击。也可在低海拔地区育苗运到高山定植。

2. **选择有灌溉条件的地区栽培** 海拔 1 000 米左右的地区,夏秋栽培季节常有干旱发生,直接威胁着栽培的成败,因此必须具备灌溉设施。红菜薹莲座叶的形成需要大量的水分,如缺水莲座叶无法形成,更谈不上抽薹。

3. **选择合适地区进行大面积生产** 除自留地种植自家食用的菜薹外,凡作为外运远销大中小城市的红菜薹,都应有一定的种植规模,采收 1 次要能装 1～2 辆汽车。比如每 667 平方米每次收 100 千克,那么东风车装 5 吨,就得采收 3.33 公顷(50 亩)地的菜薹,所以生产基地应该有组织地安排生产。以免农民自发种植,销售渠道不通而造成损失。

4. **菜薹采收后要进行简易加工**　菜薹很容易失水萎蔫,所以长途运输之前必须进行简易加工。首先是将从田间采收回的菜薹进行整理,除去过大的薹叶,剔除老薹和过长、开花过多的薹。再将优质薹扎把装箱(或篓、筐等),箱内用薄膜密封,防止运输时风吹菜薹而失水。有条件的地方可以进行真空密封。

五、保护地栽培

长江流域平原地区栽培红菜薹,遇上 12 月下旬至翌年 2 月上旬的 5℃ 以下的低温,抽薹非常缓慢,一般 10～15 天才采收 1 次,每次采收量都较少,而此时正值元旦和春节,正是红菜薹的食用旺季,往往难以满足市民的需求。前面介绍的几种栽培方式都解决不了这个问题。因此,只好借助于保护地栽培。

长江流域红菜薹的保护地栽培,就是在寒冷季节用小拱棚或大、中棚的栽培方式。棚室经覆盖温度可提高至 10℃ 左右,这样就可促使红菜薹较快抽薹,使原本要到 2 月中旬才可大量采收的菜薹提前至 12 月至翌年 1 月份采收,以满足市民需要。

(一)主要栽培地区　在红菜薹主产省、市,群众喜欢食用红菜薹的地区,可以考虑安排些保护地栽培。1 月份红菜薹卖价较高,所以生产者经济效益可观。那些对红菜薹没有特别需求的地区,则不必搞保护地栽培。

(二)栽培季节及品种　保护地栽培红菜薹的种植季节、栽培品种可参考越冬栽培进行。

(三)栽培技术要点　大部分栽培技术要点可以参照越冬栽培进行。但到 11 月中旬以后,大、中、小棚均需盖膜保温防冻,将棚内温度保持在 10℃ 左右。这样,红菜薹便可较快地生长,每周可采收 1～2 次。但覆膜以后由于空气湿度很大,容易发生软腐病、菌核病、霜霉病和黑腐病,造成大量植株感病死亡。此外,棚内蚜虫、白粉虱发生也很严重,因此必须注意观察,及时防治。

综上所述,长江流域低海拔的大、中、小城市红菜薹基本能达到周年供应:秋冬栽培的可从 10 月份供应至翌年 2 月份,越冬栽培的可供应 2~3 月份,春季栽培的可供应 3~4 月,而高山栽培的则可供应 6~7 月份,保护地栽培可提高低温期的供应量。只有 5 月份供应较为困难,有待以后进一步探讨解决。

第九章　华南地区红菜薹栽培

我国华南地区主要包括广东、广西、福建、台湾、海南等省（自治区）和香港、澳门特区及近海的一些岛屿。这大片地区以菜心为主要蔬菜，但近年红菜薹的种植面积也在逐年增加，特别是广西壮族自治区栽培较多。在广州、深圳等地，红菜薹被当作特菜，很受欢迎，卖价较高。

一、华南地区气候特点及栽培季节

由于华南地区目前种植的红菜薹主要集中在平原、丘陵地区，所以以广州、南宁、海口市为例介绍该地区的气候特点（表9）。

表9　华南地区气温变化　（℃）

月　份	广州			南宁			海口		
	上　旬	中　旬	下　旬	上　旬	中　旬	下　旬	上　旬	中　旬	下　旬
10　月	25.1	24.0	22.5	24.7	23.5	21.8	25.5	25.1	23.7
11　月	21.5	20.2	17.8	20.3	18.9	16.7	23.1	22.4	20.6
12　月	15.7	15.4	14.5	14.8	15.3	13.9	19.3	18.9	18.4
1　月	12.6	12.7	13.9	12.2	12.5	14.0	16.9	16.2	17.5
2　月	13.2	14.7	13.5	12.8	14.2	13.1	17.2	18.3	17.6
3　月	15.9	18.1	18.6	15.2	18.0	18.5	19.7	21.1	22.2
4　月	20.5	21.7	23.6	20.4	21.4	23.9	23.9	24.3	25.6

从表9所列气温可以看出，华南地区10月份至翌年3月份是适合红菜薹生长发育的，其栽培季节可以安排在9月底至10月上旬播种，10月下旬至11月初定植，11～12月份为其莲座叶生长期，12月份进入抽薹期，开始采收，一直可陆续采收至翌年3月下

旬至 4 月上旬。3 个省(自治区)中广东、广西气温相近,惟海南稍高,其播种期可稍晚一点,罢园较早,所以采收期要短一些。

从表 9 还可看出,1 月份最冷时,广州、南宁市平均气温为 12℃~14℃,海口市为 16℃~17℃,极少有冰霜冻害,因此红菜薹可安全越冬。如果种植得好,可以获得高产,远销长江流域及北方诸省。

二、品种选择

由于华南地区越冬时气温较高,因此应选择那些冬性较弱的早、中熟品种,如红杂 50、红杂 60、湘红二号、十月红一号、十月红二号等,这些品种综合性状好,容易抽薹。但这些品种中有的薹上有蜡粉,有的无蜡粉,各地引种什么品种,需根据市场、消费者的喜爱来确定。

三、栽培技术要点

(一)播种育苗　红菜薹种植较稀,一般采用育苗移栽,33.35 平方米(0.5 分)地的苗即可栽 667 平方米。直播也可以,宜点播,一次将水浇足即可出苗。由于面积大,其苗期管理较育苗移栽的困难一点,但由于省去了定植的工序,且无定植后的缓苗期,植株生长较快,也有其可取之处。9~10 月份,广州、深圳等沿海地区常有台风暴雨,为了防止幼苗受损,可于苗床上加设小拱棚,在台风暴雨来临之前,用塑料膜盖严,薄膜的四周用土压牢,待台风过后及时将薄膜去掉。太阳出来后,如薄膜未去掉,极易形成高温烧苗,要特别注意。

(二)开沟整地　开沟整地要根据灌水、排水的要求考虑。华南地区雨水较多,秋季天旱也时有降雨。因此,不管种什么菜,灌水、排水问题必须解决好。按当地习惯,在有灌溉条件的地方,一般都采用深沟高垄的栽培方式,即土地整好以后,按 3~4 米开成大厢,再将大厢按 1.1~1.2 米(含沟)开横沟做成小垄,每垄栽 2 行。这种方式灌、排水兼顾,较为理想。在无灌溉条件的地方,都是一些外来个体户在南方种菜,一般不具备建设排灌设施的能力,他们大多是靠人工浇水,在较低的地方,大多采用深沟积水或在田角多水之处挖深坑积水,然后用瓢或洒水桶挑着浇,这种情况可按 2~3 米开一厢,从两边浇水。厢宽以挑着洒水桶从两边能浇到为原则。

(三)田间管理　田间管理工作主要是浇水、追肥、中耕、除草、病虫害防治、采收及采收后的产品简易加工。由于华南地区气温较高,因此自始至终要保证水分供应,除定植后需连续浇 3~4 天外,其余时间可 3~4 天浇 1 次,不必像种植菜心那样天天浇水。追肥、中耕、除草、采收等参照第七章中有关部分所要求的进行。但病虫害防治须特别加强,因为华南地区病虫害严重,如不注意可在几天内毁灭。华南地区红菜薹的主要病害有霜霉病、软腐病、黑腐病、黑斑病、菌核病等,虫害有黄条跳甲、菜蚜、菜粉蝶、菜蛾、菜螟、斜纹夜蛾等,其特征特性和防治方法详见第四篇有关章节。

第十章 北方地区红菜薹栽培

北方地区系指华北、东北、西北地区的 10 多个省（直辖市）。由于以前红菜薹主要在华中地区数省栽培，许多北方朋友来信询问华北、东北、西北地区可不可以种植红菜薹，在这里统一做回答：北方地区完全可以种植红菜薹，因为红菜薹属十字花科，与大白菜、小白菜属同一个种。因此，凡是可以种植白菜的地方，原则上都可栽培红菜薹，但必须根据各地气候变化，合理安排种植季节，再进一步满足其对环境条件的特殊要求，就可种植成功。

一、北方地区的气候特点

我国华北、东北、西北地区总的气候特点是冬季严寒，夏季温度不太高，春、秋两个季节气候凉爽。其详细的气候变化见表 10。

表 10 我国北方几个城市的气温 （℃）

月	旬	哈尔滨	北京	太原	兰州	银川	西宁
4	上 旬	2.3	9.7	8.4	8.5	7.0	4.9
	中 旬	7.3	13.6	11.7	12.6	11.0	8.9
	下 旬	9.8	15.6	13.3	13.4	12.9	9.5
5	上 旬	12.1	18.6	16.3	15.8	15.3	11.4
	中 旬	15.2	20.8	17.9	17.0	17.8	12.3
	下 旬	16.8	22.0	18.9	18.2	18.8	13.5
6	上 旬	17.5	22.9	20.6	18.5	19.7	13.7
	中 旬	20.4	24.0	21.4	20.2	21.4	15.2
	下 旬	22.1	26.1	23.1	21.4	22.5	16.5

续表 10

月	旬	哈尔滨	北 京	太 原	兰 州	银 川	西 宁
	上　旬	22.4	26.0	23.1	21.4	22.7	16.6
7	中　旬	22.3	26.1	23.4	22.3	23.6	17.5
	下　旬	22.9	26.1	23.7	22.4	23.6	17.6
	上　旬	22.5	25.6	23.3	22.1	22.8	17.4
8	中　旬	21.2	24.4	21.8	21.2	21.7	16.2
	下　旬	19.9	24.3	20.8	19.9	20.7	15.9
	上　旬	16.6	21.4	17.7	17.7	17.9	14.1
9	中　旬	14.2	19.7	16.4	15.4	16.3	11.6
	下　旬	11.7	17.0	13.6	13.5	13.5	10.0
	上　旬	8.5	14.8	12.1	11.8	11.8	8.7
10	中　旬	5.9	12.6	9.8	9.4	9.0	6.3
	下　旬	3.3	10.3	8.2	7.8	7.2	4.8
	上　旬	−1.1	6.6	4.3	3.3	3.2	0.9
11	中　旬	−7.0	1.0	2.8	2.1	1.8	−0.6
	下　旬	−10.5	−1.1	−1.2	−1.5	−2.5	−4.0

　　据表 10 中资料所示气温变化,我国东北、华北、西北等省、市中,北京气温较高,西宁较低,其他几省气温变化近似。综合分析,夏季气温都不很高,除北京地区达 26.1℃外,哈尔滨、太原、兰州、银川都在 22℃～24℃,只有西宁稍显凉爽,只有 17.6℃。冬季气温于 11 月上中下旬,分别进入 0℃以下。从 5～10 月份都是红菜薹适宜栽培的气候。这种温度条件比南方地区更优越。

二、栽培季节

　　北京红菜薹栽培对于气温应重点考虑 3 个问题:一是适宜播

期,二是致伤气温什么时候出现,三是适宜生育期有多长。

(一)适宜播期 在我国北方夏季,各个节气均可播种。因为红菜薹原产地武汉地区,每年播种的 8 月份气温都在 28℃～29.5℃,表 10 中气温最高的北京地区平均气温也只有 26℃左右,所以在夏季可任意选择播期。

(二)致伤气温 平均气温为 0℃左右时会使采收期的植株受到严重伤害,因为平均气温为 0℃时,最低气温可能在 −5℃以下,此时地面水会结冰。在这种气温下,生长中的嫩茎会受冻,茎中的水会结冰而膨胀,从而破坏组织结构;气温愈低,这种伤害愈严重,气温回升至零摄氏度以上也不能恢复,使菜薹不可食用,失去商品价值。但如果这种伤害是短暂的,则植株还可长出正常菜薹。

(三)适宜生育期 指从播种至致伤气温出现时的天数。在武汉早熟品种需 120 天,中熟品种需 150 天,由于红菜薹苗期、莲座期都耐较高温度,而且北方各省又没有很高的温度。因此,为了满足其对生育期的要求,可将播期向前推移。如哈尔滨可采收至 10 月下旬,向前推移,可于 6 月上旬播种,北京、太原、兰州、银川等市可于 6 月中下旬播种,可满足红菜薹陆续采收时间较长的要求。

三、栽培要点

北方与南方最大的气候差别是雨水少,空气相对湿度小。在干燥的气候条件下,原本鲜嫩的红菜薹粗纤维增加,皮层加厚,因而食用品质较原产地稍差。许多北方红菜薹的试种者都反馈了这个信息。针对这个问题,宜采用以下相应的措施:①挑选种植地块。最好选水稻区种植红菜薹,因水稻区空气相对湿度较大。②采用低畦种植。即按北方种植大白菜的方法,将种植畦四周做成高埂,以利于灌溉。③勤浇水。在整个生育期都应保持土壤湿润,提高近地面空气相对湿度,创造类似南方原产地的小气候。④大面积连片种植,即连片种植几公顷或几十公顷。面积大结合勤浇水,创造湿润的小气候。⑤提早采收。在长江流域红菜薹采收适期为开花前后,北方地区宜提前1～2天采收,使红菜薹更鲜嫩。

第三篇 红菜薹种子生产

良种繁育是迅速扩大新品种种子的数量和提高种子质量,以满足生产需要的全过程。它是决定一个新育成品种或新引进的优良品种,能否尽快地得以推广应用的关键。良种繁育的目的,是向生产者提供足够数量和高质量的种子,同时也要防止品种混杂退化和保持优良种性。本篇就是讨论红菜薹良种繁育的基本原理和方法,以及现行的良种繁育体系和制度等问题。

第十一章 概 述

美国是世界上在知识产权方面,给予植物新品种实际保护的首创国家。1930 年 5 月 23 日,美国的植物专利法出台,将无性繁殖的植物品种(块茎植物除外)纳入了专利保护范畴,于 1931 年 8 月 18 日授予第一个植物专利。法国、德国、荷兰、英国、比利时等国,也相继在探索保护育种者权利的问题,并于 1961 年在法国巴黎签署了保护植物新品种的《日内瓦公约》,并组成了植物新品种联盟(UPOV),公约经英国、荷兰、前联邦德国批准于 1968 年 8 月 10 日正式生效。植物新品种保护联盟作为政府间的国际组织,主要是协调和促进成员国之间在行政和技术领域的合作,特别在制订基本的法律和技术准则,交流信息,促进国际合作等方面发挥着重大作用。

我国于 1985 年开始实施《中华人民共和国专利法》,但至 1997 年 10 月 1 日才发布实施《中华人民共和国植物新品种保护条例》,简称为《新品种保护条例》。我国于 1999 年 4 月加入国际植物新品种保护联盟,成为该联盟的第三十九个成员国。于 1999

年 4 月 23 日起受理国内外植物新品种申请,并已经对符合条件的申请授予了植物新品种权。

对植物新品种权的司法保护,在农业上是一个崭新的领域,做好这项工作将不仅有利于建立我国自己的植物新品种优势,也将为农业、林业的快速发展提供有力的司法保障。

一、植物新品种权和品种权的归属

(一)植物新品种权的概念　植物新品种,是指经过人工培育的或者对发现的野生植物加以开发,具备新颖性、特异性、一致性和稳定性并有适当命名的植物品种。植物新品种权是指完成育种的单位或个人,对其授权品种享有排他的独占权。未经品种权人的许可,任何人不得以商业为目的生产和销售授权品种,不得为商业目的将授权品种的繁殖材料,重复使用于生产另一品种的繁殖材料。

申请品种权的单位或者个人,统称品种权申请人;获得品种权的单位和个人统称品种权人。

(二)植物新品种权的归属

1. 职务育种品种权的归属　执行本单位的任务,或者主要是利用本单位的物质条件所完成的职务育种,植物新品种的申请权属于该单位。

执行本单位的任务所完成的职务育种是指:①在本职工作中所完成的育种;②履行本单位交付的本职工作之外的任务所完成的育种;③退职、退休或者调动工作后,3 年内完成的与其在原单位承担的工作或者原单位分配的任务有关的育种。

本单位的物质条件是指本单位的资金、仪器设备、试验场地以及单位所有或者持有尚未允许公开的育种材料和技术资料。

2. 非职务育种品种权的归属　"非职务育种,植物新品种的申请归属于完成育种的个人。申请批准后,品种权属于申请人"。

非职务育种是指单位的职工完成的育种不属于本职工作范围,不是单位交付的任务,也不是利用单位的物质条件完成的。

3. 委托育种或者合作育种品种权的归属　委托育种或者合作育种,品种权的归属由当事人在合同中约定;没有合同约定的,品种权属于受委托完成或者共同完成育种的单位或者个人。

4. 植物新品种的申请和品种权的转让　一个植物新品种只能授于一项品种权。两个以上的申请人分别就同一个品种申请品种权的,品种权授予最先申请的人;同时申请的,品种权授于最先完成该植物新品种育种的人。

在品种权期限内,除法律另有规定外,任何人未经品种权人许可,不得使用授权的品种。品种权的保护期限,自授权之日起,藤本植物、林木、果树和观赏树木为 20 年,其他植物为 15 年。

品种权宣布终止后,任何人均可自由使用该品种。

植物新品种权可以转让。

从上述内容可知,一个新品种在繁殖之前,首先应取得品种权人的许可,才可实施繁种任务。在未取得品种权人许可,繁殖经销别人的品种是违犯种子法的行为,会受到法律制裁。

二、品种审定时报审品种条件

第一,报审品种必须经过连续 2～3 年的地区以上区域试验和 1～2 年生产试验,并在试验中表现性状稳定,综合性状优良。

第二,报审品种的产量,要求高于当地同类型的主要推广品种原种的 10％以上,或经统计分析增产显著者。或产量虽与当地同类推广品种相近,但品质、成熟期、抗逆性等一项乃至多项性状明显优于对照品种。

第三,为保证品种试验的准确性,报审品种选育单位或个人应能一次性提供足够数量的原种,一般为 2 公顷以上播种量的原种种子,并不带检疫性病虫害。

报审品种还需有品种来源、选育经过、区域试验和生产试验的完整材料,品种特征特性、纯度检验证明,品质分析鉴定材料,栽培技术要点以及主持试验和生产试验单位的意见,还要有品种植株、产品器官的照片或实物标本。

第十二章　红菜薹种子生产研究进展

20多年来,随着红菜薹种子用量的增加,种子研究工作者对其产量也就备加注意,研究发表的论文也日益增多,现将这些研究论文的内容摘要于下,供种子生产者参考。

一、播期对种子产量的影响

华中农业大学晏儒来、陈禅友 1982～1983 年在武汉对红菜薹采种进行了分期播种试验证明,播期不同,对种株的抽薹、现蕾、开花和种子成熟期都有较大差异,但与播期的差异相比,却不一致,表现为生育前期差异大,抽薹至成熟阶段差距渐小(表11)。

表 11　不同播期十月红一号的物候期和种子产量

播种期 (月・日)	出苗期 (月・日)	抽薹期 (月・日)	现蕾期 (月・日)	始花期 (月・日)	盛花期 (月・日)	末花期 (月・日)	成熟期 (月・日)	采收期 (月・日)	种子产量 (千克/ 667平方米)
9・22	9・27	12・4	12・5	12・30	2・14	4・3	4・20	4・26	55.65
10・7	10・10	12・30	12・31	2・1	2・26	4・5	4・24	4・27	55.55
10・22	10・28	2・2	2・10	2・18	2・26	4・6	4・26	5・7	34.36
11・6	11・12	2・24	2・25	2・26	3・14	4・14	5・8	5・9	19.34
11・22	12・3	2・26	2・27	3・1	3・27	4・14	5・10	5・12	6.94

注:12月6日还播了一期,由于越冬时幼苗大部分被冻死,故未列入

表中第一播期出苗期与第五播期出苗期相差 65 天,抽薹期相差 82 天,现蕾期相差 63 天,盛花期相差 41 天,成熟期相差却只有 20 天。据此可以认为,十月红一号在武汉采种,不管什么时候播种,种子都在 4 月底至 5 月上旬成熟。

从表中产量可知,第一播期(9 月 22 日)种子产量每 667 平方

米达 55.65 千克；第二播期（10 月 7 日）为 55.55 千克，二者近于一致，因此，生产中栽培条件较好时宜选 10 月上旬播种，栽培条件较差时宜选 9 月下旬。第三播期种子产量明显下降，为 34.36 千克，第四播期为 19.34 千克，第五播期为 6.94 千克。这个结果是在固定一致的密度下得出的，如果改变种植密度，则后面播期的产量会有所提高，这在后面的报道中已得到证明。

二、播期、密度、施肥水平对种子产量的影响

晏儒来、郭青于 1983～1984 年做了这个试验，用的是正交设计试验，三因素三水平，即播期（10 月 1 日、10 月 20 日、11 月 3 日）、施肥量（基肥、基肥＋追肥 1、基肥＋追肥 1、2）和栽植密度（每667 平方米栽 3 333、6 667、10 000 株）。施肥量的基肥为粪水 3 000千克＋盖种堆肥 2 500 千克。选用 $L_9(3^4)$ 正交表，重复两次，所得产量结果列于表 12 中。

表 12　红菜薹种子产量直观分析表

表头设计 　　列 　　号 处理号	A	B	C	D	产　量			
	1	2	3	4	Ⅰ(克)	Ⅱ(克)	Tt(克)	折合平均 667 平方米 产量 （千克）
$1 = A_1B_1C_1$	1	1	1	1	428.5	312.5	741.0	61.78
$2 = A_1B_2C_2$	1	2	2	2	446.0	456.5	902.5	75.25
$3 = A_1B_3C_3$	1	3	3	3	582.0	468.5	1050.5	87.59
$4 = A_2B_2C_3$	2	1	2	3	311.5	258.5	570.0	47.52
$5 = A_2B_2C_3$	2	2	3	1	327.5	415.5	743.0	61.94
$6 = A_2B_3C_1$	2	3	1	1	316.5	80.0	396.5	33.06
$7 = A_3B_1C_3$	3	1	3	2	256.5	86.0	342.5	28.56

续表 12

表头设计	A	B	C	D	产 量			
处理号 \ 列号	1	2	3	4	I（克）	II（克）	Tt（克）	折合平均 667 平方米 产量 （千克）
8＝$A_3B_2C_1$	3	2	1	3	68.0	84.0	152.0	12.67
9＝$A_3B_3C_2$	3	3	2	1	59.5	86.5	146.0	12.17
T1	224.62	137.86	123.4					
T2	142.52	149.86	134.94					
T3	54.40	132.82	178.09					
t1	74.87	45.95	41.13					
t2	47.50	49.95	44.98					
t3	17.80	44.27	59.36					
R	57.07	5.68	18.23					

从表 12 中所列产量可求出 3 个播期的极差为 57.07 千克，3 个施肥水平的极差为 5.68 千克，3 个种植密度的极差为 18.23 千克。由此可知，不同播期对产量影响最大，以 10 月 1 日播种产量最高，与前面的结果一致；播种密度对产量影响次之，以 667 平方米栽 10 000 株的产量最高；施肥水平对产量的影响较小，以基肥＋追肥 1 产量稍高。3 个因素最优处理组合为 $A_1B_3C_3$，试验结果是 $A_1B_3C_3$ 达 667 平方米 87.59 千克。

1986～1987 年于 10 月 11 日播种，设每 667 平方米栽 0.6 万株、1 万～2 万株和 1.8 万株，结果种子产量分别为 18.87 千克，22.1 千克和 27.21 千克。由于播种稍晚，管理一般，所以种子产量较低。

1992 年李锡香、鲁德武又对杂交红菜薹种子生产做了播期试验，分 9 月 16 日、9 月 26 日和 10 月 6 日做制种试验，结果以第一播期种子产量最高,9 月 26 日播种者次之,最后一个播期产量最低。

晏儒来、周建元 1986 年 11 月 11 日播种,行距 40 厘米,窝距 16.67 厘米,每小区 6.6 平方米 5 行 60 窝直播,分每窝 1 株(667 平方米 1 万株),2 株(667 平方米 2 万株),3 株(667 平方米 3 万株),3 次重复,结果 3 万株的小区产量最高,为 272.1 克;2 万株的次之,为 221 克;1 万株的最低,为 178.7 克。

三、种子产量与构成性状的关系

晏儒来、陈禅友于 1983 年用 9 月 22 日播种的大株和 11 月 6 日播种的小株的种子产量与其构成性状进行了回归估计,其结果列于表 13 和表 14。

表 13　十月红种子产量及其构成性状数据统计　(大株)

性　状	各株号的统计值						种子产量与各性状间的回归方程	F　值
	1	2	3	4	5	6		
一级分枝数	7	9	8	12	9	13	$\hat{y}=4.860x-18.51$	3.28
二级分枝数	35	31	24	46	38	72	$\hat{y}=0.910x-8.53$	17.30 *
一级枝花数	534	633	323	550	465	812	$\hat{y}=0.654x-331.0$	3.62
二级枝花数	1788	1354	557	1436	1416	2406	$\hat{y}=0.025x-8.54$	14.83 *
一级枝果数	404	316	198	478	372	649	$\hat{y}=0.058x-9.32$	0.79
二级枝果数	1284	682	350	1240	1125	1696	$\hat{y}=0.0352x-8.63$	150.89 * *
一级枝坐果率(％)	75.6	49.9	61.3	86.9	80.0	79.5	$\hat{y}=0.996x-43.42$	7.68
二级枝坐果率(％)	71.8	50.3	62.8	86.3	79.4	70.5	$\hat{y}=7.66x-508.79$	2.62
全株总花数	3536	3136	1071	2817	2775	4200	$\hat{y}=0.013x-9.21$	6.23
全株总果数	2432	1496	660	2243	1916	2815	$\hat{y}=0.021x-12.18$	32.97 * *

续表 13

性 状	各株号的统计值						种子产量与各性状间的回归方程	F 值
	1	2	3	4	5	6		
全株坐果率（%）	68.8	47.7	61.6	79.6	69.0	67.0	$\hat{y}=1.013x-37.69$	2.59
种子产量（克）	33.0	12.0	6.2	37.0	32.0	52.5		

表 14　十月红种子产量及其构成性状数据统计　（小株）

性 状	各 株 号 的 统 计 值						种子产量与各性状间的回归方程	F 值
	1	2	3	4	5	6		
一级分枝数	2	3	3	3	5	5	$\hat{y}=2.10x-1.90$	4.15
二级分枝数	4	6	8	6	6	13	$\hat{y}=0.884x-0.86$	8.88 *
一级枝花数	50	80	87	113	150	179	$\hat{y}=6.79-0.012x$	11.88 *
二级枝花数	75	98	130	140	82	261	$\hat{y}=0.044x-0.31$	9.95 *
一级枝果数	37	61	57	89	125	149	$\hat{y}=0.073x-0.87$	13.76 *
二级枝果数	52	60	81	102	60	192	$\hat{y}=0.061x-0.092$	15.04 *
一级枝坐果率（%）	74.0	76.2	65.5	78.7	83.3	83.2	$\hat{y}=0.41x-26.22$	5.70
二级枝坐果率（%）	69.3	61.2	62.3	72.8	73.1	73.6	$\hat{y}=0.42x-23.41$	3.08
全株总花数	173	178	300	366	232	566	$\hat{y}=0.107x-26.97$	11.22 *
全株总果数	97	121	172	244	185	417	$\hat{y}=0.029x-0.56$	27.63 * *
全株坐果率（%）	56.1	68.0	57.3	66.7	79.7	73.7	$\hat{y}=0.26x-11.95$	3.05
种子产量（克）	2.3	4.2	2.0	7.0	5.5	11.7		

注：种植密度为每 667 平方米栽 3 368 株，大、小株种植密度相同

* 表示对产量的影响显著；* * 表示对产量的影响极显著

从表 13、表 14 统计数据说明,在一级分枝数、二级分枝数、一级枝花数、二级枝花数、一级枝果数、二级枝果数、一级枝坐果率(％)、二级枝坐果率(％)、全株总花数、全株总果数、全株坐果率(％)与种子产量(克)的回归分析中,十月红一号的大株种子生产,种子产量与二级枝分枝数、花数、果数,一级枝的花数、果数及全株总花数、总果数等都达显著关系。小株单株产量为 2.3 克,4.2 克,2 克,7 克,5.5 克,11.7 克,平均为 5.45 克。

按照表中所提供的回归方程,可以根据期望产量 $\hat{y}$ 求出 x,也可根据自变数 x 求出 $\hat{y}$。以大株二级分枝数为例,其回归方程为 $\hat{y}=0.910x-8.53$。假如二级分枝数为 50,则 $\hat{y}=0.910\times50-8.53=45.5-8.53=36.97$ 克。即单株二级分枝数为 50 个时,其产量($\hat{y}$)可能接近株产 36.97 克。那么,我们希望株产 50 克时,则方程 $50=0.910x-8.53$,换算成 $x=\dfrac{50+8.53}{0.91}=64.3$ 个二级分枝。就是说,我们应通过栽培措施保证单株二级分枝数平均达到 64.3 个分枝。经过栽培技术的研究,分枝数是可以控制的,至于后面的开花、结果则很难控制。所以,虽说全株总果数与产量的关系达极显著水平,实际操作中却无法应用。

至于那些与产量的关系不显著的性状,则不宜作为估算值来应用,因为用其估算出来的结果可信度较低。

四、摘心处理对种株生长和产量的影响

1986~1987 年,晏儒来、蒋双静做了掐薹(摘心)对种子产量的影响试验,设不掐薹、掐主薹、掐二次薹 3 个处理,小区面积 5.28 平方米,每小区栽 4 行,每行 10 株,重复 3 次。掐薹方法,掐主薹为主薹抽出后留 3~5 个侧枝掐头,掐二次薹者在侧薹上留 3~5 节掐头。测产结果为不掐薹者产量最高,为 397.1 克;掐主薹者产量居第二位,为 333.9 克;掐二次薹者产量最低,为 252 克。

试验中掐薹处理降低产量,可能与掐薹时间和方法不当有关。而山东淄博市农科所徐新生(2003)报道,在主薹刚出2～3厘米时摘心,可促进侧薹早抽,且生长整齐一致,种子产量较不摘心者增加25.2%以上。

五、红菜薹种株采收适期

华中农业大学叶志彪、李汉霞、邹日娥(1994)研究报道,认为种株不同采收期对种子产量和种子质量都有重要影响。结果显示,红菜薹十月红一号品种在种株最老熟荚果内籽粒变色后13天为最佳采收期。

不同采收期对种子产量和质量的影响:种子采收期设4个处理:每处理小区16平方米,3次重复。

①以种株最老荚果内籽粒为橙红色时采收;

②籽粒变色后6天采收;

③籽粒变色后13天采收;

④籽粒变色后20天采收。

结果①处理种子产量为776.5克;②处理为935.2克;③处理为956克;④处理为826.7克。以第三处理产量最高;种子千粒重4个处理分别为1.47,1.61,1.92,2.01克,随采收期推迟千粒重递增;发芽率(%)分别为86,62.3,64.7,65.3,以第一次采收发芽率最高,发芽率普遍偏低,可能与休眠物质有关。第一次采收时种荚较嫩、休眠物质形成较少,所以发芽率较高。

六、种子大小和种皮色泽对种子质量 及后代薹产量的影响

李锡香、胡淼(1995)就红菜薹种子大小种皮颜色对种子的发芽势、发芽率以及红菜薹植株的熟性、株平均薹数、单株薹重、单位面积薹产量的影响进行了研究。结果表明:①大粒种子的简化活

力指数、株平均薹重、薹数及单位面积的薹产量均显著或极显著高于小粒种子；而且大粒种子植株现蕾比小粒种子植株早4~5天。但种子大小对发芽势、发芽率无影响。②深褐色种子的发芽势、发芽率、简化活力指数均显著或极显著高于深红色和灰褐色种子，但种皮颜色对植株熟性、株平均薹数、薹重、单位面积薹产量没有影响。③各处理中，大粒深褐色种子的发芽率和活力最高，而植株熟性及薹产量主要决定于种子大小。

七、种株大小及繁种地点的选择

（一）种株大小与采种的关系　笔者在武汉从1984年开始，每年都有选种采种任务，24年还没有一年是失败的，至于种子产量的高低有别是正常的。据笔者的体会，繁种成功的关键技术是：①用残株采种时，于大田播种选株后，挖大苑移栽至大棚中，移栽前挖20~25厘米深的坑，坑内撒复合肥，将种苑置于坑内后盖土、浇水，即可成活，且生长很好，主要用于选原种和原原种或杂种一代亲本。产量低。②大株采种。大株采种的关键技术是播种期的确定，最适播期是9月底至10月初。条件差的于9月下旬播种，条件好的在10月上旬播种，在一定的栽培条件下均可长成大株。甚至经历过2008年2月发生的冰冻都可顺利采种，且抽薹开花良好。每667平方米产量在40~50千克。③小株采种。武汉地区小株采种应在10月底至11月上中旬播种，每667平方米种1万~2万株，可确保成功，种子产量高低与肥水条件等因素有关。每667平方米产量一般为25~40千克。

（二）采种地点对采种的影响　笔者1990年和2004年先后两次在海南省三亚市荔枝沟繁种均告失败，1990年为软腐病所毁灭，2004年为斜纹夜蛾所毁灭，每周施1次药也没治住，最后吃得只剩老茎秆。

1999年笔者在深圳也做了红菜薹采种试验，于8月26日播种,于 9 月 18 日定植,于 12 月上旬采收。但由于定植后经受 3 次台风侵袭,死苗缺株严重,产量很低。如果安排在 10 月播种,翌年 3～4 月采收,则效果会较好。

在山东繁种多采用春播夏收,均采用大、中株采种。由于农民经常繁育大白菜种,所以他们繁育红菜薹种也很有经验,加之栽培管理精细,667 平方米有 12 克母本、6 克父本即可。一般鲁中地区于 1 月下旬播种,3 月上中旬定植,6 月中下旬采收。种子产量较武汉增产 50%～100%,而且种子质量比武汉好。

在甘肃兰州地区采种比在山东采种产量还高 15%～20%,每 667 平方米可产籽 120～150 千克,种子质量也很好,也是春播夏收,但比山东晚采收 10～20 天。

以上种子生产情况可供种子工作者参考。

第十三章　红菜薹品种的混杂退化与复优

优良品种在多代繁殖过程中,由于种种原因会逐渐丧失其优良性状,失去原品种的典型性、一致性,这种现象通常称为品种退化。

品种退化的具体表现有以下一些方面,如产量降低,品质变劣,熟性改变,生活力降低,抗逆性减弱,性状极不整齐。甚至完全丧失品种的典型性。如十月红二号其熟性是播种后 65 天开始采收,可现在有的种子店卖的十月红二号 80 多天才开始采收;还有的将十月红一号(有蜡粉)和十月红二号(无蜡粉)搞混了,统称为十月红,结果田里的植株菜薹上有的有蜡粉,有的无蜡粉。同种异名,异种同名现象比比皆是。

一、红菜薹品种混杂退化的原因

红菜薹品种混杂退化原因比较复杂,人为造成的混杂是主要的,其次才是由昆虫串花引起的生物学混杂,环境的压力也会造成某些遗传基因的突变或漂移。本来人为因素是可以控制的,然而由于国家对蔬菜种子的管理不如农作物那么严格,所以一些种子经销商可以拿任何种子任意命名包装经销。下面将讨论红菜薹品种混杂退化的具体原因。

(一)人为造成的混杂退化

1. 制造品种的混乱　那些同种异名的种子是怎么来的,都是经销商叫出来的,如十月红二号推广到沙市后,就随意命名为九月鲜,在武汉市郊还有人将其当作 8902 卖,而 8902 又叫华红一号,是华中农大育成的 50 多天成熟而且有蜡粉杂种一代的品种,竟然有人用一个无蜡粉的常规品种去冒充。红杂 60 才育成时,武汉大东门有 6 家商铺卖红杂 60,其中只有 2 家是特约经销商,其余 4

家不知用的什么品种冒名顶替。也有人去汉川、天门等地种植红杂 60 的菜农家收购杂种一代种子当红杂 60 的种子卖。杂种二代虽然种出来还是红菜薹，但性状会发生严重分离，田间的植株就是一个混杂的群体。一些人由于业务知识懂得少，还以为杂种一代种子也可作种。这种品种混杂的现象必须改变，否则将损害广大生产者的利益。

2. 原种或亲本不纯　一般而言，新品种育成时，其主要性状都是较整齐一致的，若是杂种一代其亲本也是很纯的。然而，当一个品种推广三五年后，其原种和亲本使用多代未做严格选择时，肯定会发生许多变异。这些变异中有好的变异，也有对人们不利的变异，但不管是好的还是不好的变异，都与原品种不一致，应该及时淘汰。如果不及时清除，逐代累积起来，原来优良的品种或亲本就会退化成一个混杂的群体，失去原品种的优良特性。为什么现在市面上有的种子店销售的十月红一号（有蜡粉）和十月红二号（无蜡粉）统称十月红，肯定是他的种子中这两个品种混了，他又不想或没能力将这两个品种分清楚，只好称之为十月红。

为什么 20 年前 65 天左右成熟的十月红一号、二号现在都变成 80 多天了，就是因为缺了原种生产这个严格选择的过程。在红菜薹群体中，晚熟一些的植株抽薹多，产量较高，种子产量也高一些，如果让不懂技术或不知道品种特征特性的人去选种，就会将这些已经变异了的植株选来留种，逐渐累积后原品种的早熟性便不存在了。一般而言，一个品种或亲本、重复繁殖使用 3～5 次后，就应及时进行提纯复优。

3. 选留种的方法不对　一个品种对其他品种所显示的性状的特异性称为品种特性。相对于武汉地区红菜薹老品种大股子、胭脂红、一窝丝而言，十月红一号、二号最突出的特性就是早熟性，比老品种提早 20 多天开始采收，而由于许多种子经销商们恰恰是对这个性状没注意选择，而使经过多年改良了的新品种又退化成原来的熟性 80 多天。

正确的选留种方法应该是将该品种的主要优良性状选准，并根据这些性状的重要性排列，重要的排在前面先选，再选次重要的性状，依次选下去。需要考虑的性状有熟性迟早、蜡粉有无、初生莲座叶数、次生莲座叶形，主薹长相，子薹（侧薹）数、孙薹数，薹叶数、薹叶形、薹叶长短，薹长、薹粗、薹上有无分枝等。下面分别作简要说明。

（1）熟性　是指从播种至 50％植株采收主薹的天数。例如，红杂 60 就是播种后的 60 天左右开始采收，一般而言熟性在红菜薹良种提纯复优选种时应排在前面进行选择，因为此性状最易发生变化。种植季节不同、种植地区不同、肥水条件不同等都会影响熟性。观察熟性应在生产季节进行，武汉地区应在 8 月 20 日左右播种，早播者不宜提早至 8 月 10 日以前，晚播的不宜晚至 9 月 10 日以后。播种早了、迟了，所观察的熟性天数可能都会出现偏差。从 8 月中下旬往后分期播种时，植株会逐步变小，产量也会逐渐降低。8 月下旬至 9 月上旬播种的都可形成大株，10 月上中旬播种者只能长成中等大小的植株，而 11 月至翌年开春播种的只能长成小株。所谓"大株"，即达品种正常生产时的大小；"中株"的植株莲座叶、子薹都比大株少，植株也相对小一些；"小株"则未形成莲座叶就抽薹，基部没有或很少有子薹抽出，主薹至一定高度才抽生分枝。原种生产过程中对熟性的选择的前 2～3 代，应在"大株"中选择，以后的选择可在中株中进行。

不管植株有多大，选择都是以主薹始花为采收的标准，而且以主薹开第一朵花为标准。假如你提纯复优的品种生育期为 65 天左右的十月红一号、十月红二号，播种期为 8 月 20 日，在保证其生长发育良好的前提下，应该在 10 月 25 日这天选株，由于各种因素的影响，不可能在这一天所有植株都抽薹开第一朵花，可以按要求的严格程度确定一个时间跨度如 5 天、7 天或 9 天，在规定日期内抽薹开第一朵花的,都可入初选株。要求严格的在 5 天内选株,5 天以外的都淘汰,稍宽松一点的可用 7 天或 9 天,就是以 65 天为准,向前、向后提早或推迟 3~4 天内选。提早播种发病率提高,推迟播种熟性发生变化,对选种不利。

从本质上讲,品种特性取决于该品种所具有的遗传结构,但其在不同环境下的表现型是会有变化的。因为由基因支配的性状,其表现能力或多或少受到环境的影响,所以要根据特性来比较所选材料的优劣,就必须在最有利于表现该特性的环境下进行鉴定。

不同地理位置,如纬度、海拔不同的地区引种栽培后,对其熟性肯定有大小不同的影响,凡有利于春化通过的生态环境,都有促进早熟的作用。例如,在宜昌地区的长阳县文家坪(海拔 1 670 米)栽培红菜薹肯定比宜昌市郊早熟,在北方栽培也应比南方早熟。不过北方还与播种期有关。根据生产实践证明,同一品种在同一地点种植,其熟性也有差异,这就是因为不同年份气候条件的差异所致。也是前面为什么强调要用大株选 2~3 年的原因。

(2)蜡粉 指叶柄和菜薹上被覆的一层薄薄的白粉,有的品种有,有的没有。在有粉品种中,粉有的较厚,有的较薄。据笔者观察,有粉品种在散射光下生育比在有阳光直射条件下差,而无蜡粉品种在阳光直射下和散射光下生长发育无明显差异。有些老农认为有蜡粉品种比无蜡粉品种耐寒性稍强。

(3)莲座叶数 主要是指初生莲座叶的数目,即主薹基部的肥大叶片数,这是品种的重要特征。一般有 5~10 片,早熟品种少,晚熟品种多。这些叶片是影响前期产量的功能叶,其生活力强弱,直接影响主薹和子薹的产量。叶形一般大而圆,当其形态渐尖时,则预示主薹将抽出。初生莲座叶叶柄的长短直接影响植株的开展度,叶柄长则植株大;反之,则植株较小。选择时均应以原品种为标准。

（4）主薹　每株有主薹1根。前面已经讲过，主薹有3种生长状况：一是正常态，二是半退化态，三是退化态。退化的主薹生长势弱，且易硬化常形成纤细薹，食用价值差。形成退化薹的主要原因是薹叶太少，因此在品种提纯复优时要注意选薹叶4～5片，用主薹较粗的作种株繁种，便可逐步改良这一性状。

（5）次生莲座叶　即侧薹（子薹）基部短缩茎上簇生的叶片，采收子薹时留下的叶片，先于子薹抽出，子薹采收后仍留在薹座上，与初生莲座叶一起形成一个庞大的叶群，其叶腋间抽生再生莲座叶和孙薹。当孙薹抽出和采收时，初生莲座叶逐渐衰老，此时次生莲座叶便成为植株的主要功能叶。依品种不同，每侧薹基部有次生莲座叶3～7片，宜选3～4片的为好。这种叶太多，孙薹抽生慢，而且薹较纤细，品质不佳。次生莲座叶的叶形一般有圆形、长圆形、尖心脏形、宽三角形和窄条形等，可根据品种特征进行选择，次生莲座叶叶形比初生莲座叶小得多，但数量多，而且寿命长。呈密集丛生状。

（6）子薹　从初生莲座叶腋中抽出的薹，是主要的产品器官。不管什么品种，子薹都长得粗壮、柔嫩。每个植株上能抽出的子薹常与初生莲座叶叶数相等，但当植株功能叶很好，营养充足时，初生莲座叶下面的叶腋也可能抽出1～2根子薹；反之，如果植株生长势不强，叶的功能较差时，初生莲座叶叶腋中的叶芽也可能有1～2个芽抽不出来，或抽出来后形成不了正常的产品器官，无商品价值。在选株时，子薹应选薹色鲜艳，薹叶4～5片，薹叶小叶柄短的为佳。特别要注意淘汰那些薹叶柄长的植株，一是因为叶柄品质差，二是影响菜薹的卖相。

（7）再生莲座叶　从薹座上、子薹残桩上叶腋中长出的叶片即为再生莲座叶，一般1～3片不等，多数比孙薹先形成，也有的与孙薹近于同时抽出，视品种而异，其数量不少，但叶型较小，虽也为功能叶,但其作用比次生莲座叶小得多,有时在孙薹采收时,被采收掉。选种按品种特征要求选择。

(8)孙薹 从再生莲座叶腋中抽出的薹,其数目比子薹多,但薹型较小,也是主要的产品器官。在选种时宜选那些薹较长、较粗,薹数在10~20根的单株。薹叶要求与子薹相同。

(9)薹长 品种间差异大,受栽培环境影响也大。不管哪一级薹,以30厘米左右始花采收较好。太长品质下降,太短产量低。当种植较密、植株长得好、莲座叶很高时,菜薹也长得较长。十月红二号有的可达50厘米,而一般栽培条件下,其薹长在30~35厘米。所以,选种田应用中等栽培条件进行管理。

(10)薹粗 薹粗以1.5~2厘米较好。如过细产量低,过粗炒食时要切开,不方便。测量已采子薹基部,薹粗也和薹长一样,受栽培条件影响很大。

(11)薹上分枝 采收的薹上有分枝会影响商品性状。从这个角度考虑,还是以分枝少的为好,但薹上分枝少的形成鼠尾状薹,也影响菜薹的商品性和食用品质。而薹上有4~5片小叶的,薹上下较均匀,关键是薹叶要小,尤其是叶柄不能长,因为叶柄过长,采收后叶片高于薹顶,多个叶柄将菜薹盖住,菜薹采收扎成小把后,只见叶不见薹,影响销售。

(12)拔除可育株 在雄性不育系繁殖时,很难避免将保持系个别种子混入不育系种子中,因此在繁殖过程中,不育系中常有个别可育株,必须彻底拔除,以确保不育系种子全部不育,才能保证不育系作母本生产的杂种一代种子全部为杂种种子。同时要拔除的还有保持系中的不育株,即机械混入的不育系种子长出的植株,才能保证保持系的一致性。

以上这些性状就是我们在品种提纯复优时,需要注意选择的项目。在提纯复壮的过程中必须严格选择。因此,在选种工作开始之前,首先要对该品种的特征特性搞清楚,否则就不要动手,动手就会出错。杂种一代品种亲本选择则更加严格。

4. 机械混杂　这也是人为造成的。在种子生产的全过程中，都有可能由于操作不慎造成异品种种子的混入。在育苗、定植、采收、脱粒、晒种、种子包装、运输过程中，一不注意就有可能混入其他品种的种子。在种子仓库中由于标签不明，有的包错种子的事件也时有发生，应注意防止种子混杂的发生。

5. 繁(制)种田未去杂或去杂不彻底　尽管我们非常小心翼翼地防止种子混杂，但在种子生产田中还是经常会有混杂株，这就要求技术人员把好最后一道关——去杂。去杂工作需由对品种非常熟悉的人去操作，熟悉的人隔老远就可发现杂株，不熟悉品种的人，杂株在鼻子底下他也分不清。去杂一般进行 2～3 次，苗期注意拔去绿株或明显的异株，抽薹期拔去薹叶色不一致的植株，主、侧薹始花时拔除花色、株型有异的植株。

此外，原种生产或亲本繁殖时种株群体太小，造成许多遗传基因的漂移、丢失，后代也会发生变异。根据理论上推测，种株在 100 株以上比较可靠。

(二)媒介昆虫造成的生物学混杂　以异花授粉为主的红菜薹，其传粉媒介主要是各种昆虫，主要媒介昆虫有以下几种。

1. 蜜蜂　蜜蜂是媒介昆虫的代表。利用蜜蜂传粉，主要在野外进行。蜜蜂成群地过着群体生活，单个蜜蜂无法生存，也不适宜长期在网室和温室等隔离条件下生活。同时，蜜蜂对花的颜色、形状、芳香味、味觉等均有很强的识别能力，因此有专选同种花朵采蜜授粉的习惯。所以，人类利用蜜蜂作媒介昆虫是非常适宜的。但它也是造成品种混杂的能手。我们在安排种子生产地块时，必须考虑蜜蜂的活动规律。

蜜蜂在一个活动日内，一天工作时间为 7～8 小时，其采蜜授粉活动和当天的开花状态(是否开药和分泌花蜜)、天气、气温、风以及药剂喷洒与否等有很大关系。晴天无风，气温在 15℃ 以上，如蜂巢附近的植物开花,分泌花蜜等条件均适宜,则有利于蜜蜂采蜜授粉。采蜜次数以近巢者为高,若开花良好,直线无障碍可飞3~4千米远的地方采蜜。每次出巢采蜜的平均时间约10分钟,在此时间内最多能采1 000~2 000朵花,每分钟内未能传粉的花7~8朵。据笔者多年观察,蜜蜂采蜜时很勤奋,在较大面积的采种田开花盛期,蜜蜂都是连续不断地采完一朵花又到另一朵花,极少采完一朵花后飞很远再采第二朵的,只在一些零星植株上才飞得较远采第二朵。因此,一个品种的采种面积较大时,蜜蜂每次出巢活动往往完全在这一品种范围内。由此可见,一个品种的采种面积愈大植株愈多,则品种间的杂交率就愈低。据日本藤井(1949)报道,两块面积较大的相邻采种圃的杂交率也不过20%~30%,而且是边缘杂交率高于中央。他还指出,如果采种面积达到300~600平方米,两个品种的采种圃相距60米以上,则一般杂交率都在1%~2%以下。敏特浩特(1950)经过4年试验后指出,采种区大于30平方米,距离超过125米时,就不致被同一批蜜蜂访问。但为安全起见,相距应在200米以上。为了防止蜜蜂在一次出巢期内从一个采种圃转移到另一个采种圃,对于采种圃间的零星开花株必须彻底拔除干净,而且不能丢在田间,以避免其继续开花传粉,引诱蜜蜂转移。综合各方面的试验报告,一般认为原种在顺风无障碍地上的安全隔离应为2 000米,至少也要1 000米;一般繁殖用种可相应缩小为1 000米和500米;生产用种可相应缩减为500米和200米。在两个采种圃间有障碍物时,隔离距离可稍小一些,但原则上是距离越远越安全。

采种时容易被昆虫串花的不但有红菜薹的不同品种,更危险的是还有大白菜、小白菜、白菜型油菜、乌塌菜、白菜薹、菜心和芜菁等,红菜薹与这些种类和变种不仅极易杂交,而且杂交后会失去红菜薹特性,因为绿色与红色杂交,绿色为不完全显性,即表现为绿叶绿薹,只在菜薹基部有红色表现。因此,采种田设置时,更应注意与这些蔬菜的隔离。芥菜、芜菁、甘蓝、根芥菜、雪里蕻、甘蓝型油菜等与红菜薹的杂交率较低,但原种生产时最好不要相邻种植。

2.熊蜂　熊蜂是非常大型的蜂类,有时也会蜇人。熊蜂在春季晴朗的好天气里,常聚集在泡桐、刺槐等树上。也有在十字花科蔬菜植株上活动的,在开花期田间经常可见到。

3.豆小蜂　豆小蜂也是一种优良的媒介昆虫,其活动半径可达 200～300 米。

4.筒花蜂　现在筒花蜂可人工饲养而引起人们的重视。

5.缟花虻　其采蜜授粉效率高,花粉的附着量多,没有归巢习性,常单独生活。在较低温度下(野外在 11℃),它也能活动,对人类无害。

6.蝇　蝇的生活力旺盛,繁殖快,容易饲养,是较有利用价值的媒介昆虫。

以上这些媒介昆虫都具有两面性,对于造成种子混杂这一点来讲,我们应合理安排不同采种圃的隔离空间距离;另一面则是对人类有益的,有利用价值的一面;在采种圃内放蜂,可明显提高种子产量,特别是在利用雄性不育系生产一代杂种的种子田中,如无传粉媒介就收不到种子;在网室温室中可代替人工杂交生产不育系或杂种一代种子。

(三)**环境胁迫产生突变**　一个品种的遗传性是相对稳定的,但这种稳定性只是在栽培条件与育种时的栽培条件一致时才较稳定。当栽培条件发生了变化,那么品种在新的环境胁迫下,在某些方面也会或多或少地发生相应的变化。红菜薹是湖北省武汉市的特产蔬菜,华中农业大学是全国开展红菜薹育种和栽培研究最早的单位,因此现有栽培的主要品种也都是由华中农大在武汉市气候条件下育成的,现在这些品种已推广到长江、珠江流域 10 多个省(直辖市)。许多高山地区用它作越夏栽培,于 8～10 月份供应低海拔地区的大中小城市，其栽培环境、季节发生了很大变化，所以产生一些变异是自然规律。这些变异多数为不良变异，也有好的变异，不良变异如得不到及时淘汰，多年积累、扩散，便可使原品种变得面目全非；而优良变异如能及时选出，通过系统选择，也可育成新的对当地适应性更强的品种。问题的关键是要有人做这方面的工作。

二、品种保纯和防止退化的方法

为了红菜薹品种的保纯和防止退化，必须采取避免混杂、退化的有力措施。

(一)严格执行种子生产的技术操作规程　①种子收获时，不同品种要分别堆放。如用同一运输工具，在更换品种时，必须彻底清除前一品种残留的种株、种荚和种子。②在种株后熟、脱粒、清选、晾晒、消毒、贮藏以及种子处理和播种等操作中，事先都应对场所和用具进行清理，认真检查清除以前残留的种子。晒种子时，不同品种间要保持较大距离，以防止风吹和人、畜践踏而引起品种的混杂。③在包装、贮藏和种子处理时，容器内外都应附上标签，除注明品种的名称外，还应说明种子等级、数量和纯度。④留种地品种的田间布置要适当。应尽可能与不同类品种进行轮作。

(二)坚持隔离采种　红菜薹为典型的异花授粉作物，采种时必须与不同品种、变种、亚种等易杂交的种子田实行合理而严格的隔离采种。

1. 空间隔离　空间隔离是大量种子繁育中经常采用的。只要将容易发生天然杂交的品种、变种、亚种、类型之间隔开适当的距离进行留种即可。究竟要隔离多远才恰当，主要考虑影响天然杂交的因素，以及杂交发生后对产品经济价值影响的大小等来确定。

(1)红菜薹不同品种间的隔离距离 分为两种情况:一是无蜡粉品种间或有蜡粉品种间,采种面积在30平方米以上者,无障碍时,隔离200米即可;无蜡粉品种与有蜡粉品种间需隔离500米。不同品种间杂交后,仍然是红菜薹,对产品的商品性没太大影响。

(2)红菜薹与小白菜、大白菜、白菜型油菜、芜菁等作物的隔离距离 由于这些品种极易杂交,而且杂交后使红菜薹变性,失去原来的特征特性。因此,它们间的隔离距离应保证在1 500～2 000米。红菜薹与欧洲油菜、芥菜、榨菜、芜菁甘蓝、根用芥菜等作物间杂交后,也会使红菜薹变性,但由于它们与红菜薹的杂交率极低,所以隔离距离有500米即可。

(3)原种生产时,原原种的隔离 原原种的距离应在2 000米以上,原种应在1 000～1 500米以上,因为原种要求纯度高。最好加大原种的繁种面积,繁种一次用几年,避免年年繁原种,不同品种不要集中在一年中繁种,因为原原种、原种生产毕竟是较麻烦的工作。

2. 机械隔离 机械隔离主要应用于繁殖少量的原原种和原种或原始材料的保存。其方法是在开花期采取花序套袋,或设制网罩、温室隔离留种等。网罩可用聚乙烯塑料网纱,经济耐用,市面有售。浙江省有专门生产厂家。在隔离留种时,必须解决人工辅助授粉问题。纸袋隔离只能进行人工辅助授粉,而网罩隔离或温室、大棚隔离除可用人工辅助授粉外,还可以采用释放蜜蜂、饲养苍蝇、筒花蜂、缟花虻等进行辅助授粉。

3. 花期隔离 主要采取分期播种、春化处理等措施,使不同品种的开花期错开,以避免自然杂交。利用春、秋两季栽培采种可以繁殖少量材料,大面积采种只能安排在春季。早熟品种比较好安排,但那些冬性强的品种,如大股子、胭脂红等进行秋繁时必须进行春化处理,才可提早抽薹开花,收到一些种子,但产量很低,因为中后期开花结的果不能完全成熟。播种太早,前期气温太高,加上暴雨和病虫危害严重,死株多。

(三)严格选种和留种

1. 原种生产 一个品种发生混杂退化以后,必须按原种生产技术操作规程,生产出原原种,原种……,然后逐级扩繁出生产种供应市场。

原种生产选株时必须按红菜薹品种的特征特性,抓住熟性早晚、蜡粉有无、初生次生莲座叶数、主薹形态、侧(子)薹、孙薹数及薹长、薹粗、薹重、薹叶数、薹上有无分枝等标准性状,由熟悉品种特征的技术人员具体实施。

每轮提纯复优后,必须置于低温下长期保存原原种和够用3～5年的原种,以原种繁殖生产种。这样,才能使品种的典型性得以长期保持,而不至于退化。

2. 适时选择 在红菜薹品种特性表现最充分时,要分阶段对留种植株进行多次的选择和沟汰,以保证每个特征、特性都符合品种的典型性。

(1)株型、株高、株幅 在主薹抽出时选择。

(2)初生莲座叶数、叶的大小 在主薹抽出至采收时选择。

(3)蜡粉有无 在主、侧(子)、孙薹抽出、采收时选择。

(4)主薹形态、薹叶数、薹长、薹粗 在主薹采收期记载、选择。

(5)次生莲座叶数、叶形、叶柄长、叶片长×宽等 在侧薹采收中期进行记载、选择。

(6)侧(子)薹数、薹长、薹粗、薹重、薹叶数等 薹长、薹粗、薹重、叶数在采收前期记载,侧薹数宜在侧薹采收后期进行记载。

(7)孙薹数、薹长、薹粗、薹重、叶数等 也是在孙薹采收初期记载薹长、薹粗、薹重、薹叶数,在孙薹采收后期记载、选择孙薹数。

3. 繁种田的去杂去劣

(1)彻底拔除绿色株 绿色株即薹、叶柄、叶主脉全为绿色的植株。这种植株可能是与大白菜、小白菜或油菜、乌塌菜、菜心等的生物学混杂的植株,一般表现长势强,容易识别,而下一代则分离严重,容易在生产中出问题。

(2)仔细拔除过强、过弱株　田间生长势太强和太弱的植株,尽管受局部土壤因素影响很大,但多数还是受遗传因素制约,是造成混杂的"危险分子"。如大、中株采种田里的独薹株,过于矮小的植株和站在田埂、地边都可看清的高大植株,还有薹特别粗和特别细的植株。一般要进行3～4次的选择淘汰:第一次在定植时进行,去掉过于瘦小的幼苗;第二次在初生莲座叶形成,主薹开始采收时进行,拔去莲座叶太少的和太多的。如果是主薹正常的品种,则应拔去主薹退化的植株;反之,主薹退化品种则应拔除主薹粗大的植株。第三次在子薹全部抽薹开花时进行,拔去子薹数太少的和过多的晚熟植株。第四次在种荚成熟期,淘汰种荚形状、色泽不一致的植株。在每次选择时,如发现病毒、软腐、白绢、根肿等病害的植株,必须拔除干净。

(3)小株采种必须采用高纯度原种作播种材料　小株繁殖的种子只能作生产用种。

(4)原种繁殖时选留的植株不能太少　一般不能少于50～100株,并避免来自同一亲系。以免品种群体内基因丢失、贫乏,从而导致品种的生活力降低和适应性减弱,也会失去原品种的特征特性。

三、在适宜红菜薹栽培的环境条件下进行选择和原种生产

红菜薹主要分布在长江流域,因此湖北、湖南、四川、江西、安徽等省低海拔平原地区,均可进行原种生产的各代选择,应注意的是需用大株选择,这就要求其播种期在8月下旬至9月下旬,种植技术好的可以在10月初播种,给予中上等的栽培条件。10月中

旬以后播种的,播得越晚植株越小,直至翌年1月份播种的,植株就更小,所以红菜薹的典型性状表现不出来,不能作选种用,只能作生产种的繁种用。

第十四章 红菜薹常规品种的种子生产

所谓常规品种就是在一个普通品种群体或杂交种的分离世代群体中,直接选株经多代系统选择育成的品种。其种子生产可直接用纯度很高的原种扩繁即可。

一、种株的生长发育阶段

红菜薹种株的生长发育可分为幼苗期、莲座期、抽薹开花期、种子成熟期等4个阶段。

(一)幼苗期 所谓幼苗期是指播种出苗至长成5～7片真叶的阶段。采种株的育苗与采收菜薹的育苗没什么区别,只不过播种季节不同。一般而言,种子生产的播种期比菜薹的商品生产要晚一些。但是由于品种和播种期的不同,使幼苗期的长短有较大差异。

现有红菜薹栽培品种熟性差异很大,最早的播种后40多天就可以采收,而晚熟的需100多天才可采收,由于其生长发育快慢不同,所以能在苗床滞留的时间长短也不同。40多天的品种如红杂40只能在苗床中滞留20天,50天的红杂50只能滞留23天左右,60天的红杂60苗期为25天左右,而红杂70苗期可长达30天,其余中晚熟品种可达30天以上,即过去菜农所说的栽满月苗。早熟品种如果在苗床中超过了上述苗龄,则可能会在苗床中抽出纤细薹,形成老苗。这种在苗床中抽了薹的苗,栽至大田后不能形成正常大小的植株,所以定植时必须淘汰。而那些中晚熟品种在苗床中待1个月以上也不会抽薹,除非有杂株或苗床管理太差。

播种季节时间对苗期的影响也很大,播种越早温度较高,幼苗生长快,苗期较短;11～12月份播种的,温度较低,幼苗生长缓慢,所以幼苗期长,定植后约10天左右仍为幼苗期。

(二)莲座期 幼苗定植后叶片开始肥大至初生莲座叶、次生莲座叶和再生莲座叶的形成为止,整个植株的功能叶都丛生于薹座上,谓之莲座期。初生莲座叶段是单独长叶至次生、再生莲座叶段,则叶薹同时生长,花也相继开放,形成茂盛的强壮植株,品种的特征得以充分的显现,所以此期是选种、鉴定的最佳阶段,应抓紧时间进行各个目标性状的选择或淘汰。在开花初期拔去各种有混杂、退化嫌疑的植株,以免花后昆虫串花传粉,如果等开了很多花再拔除则已开的花已造成串花混杂。

(三)抽薹开花期 自主薹抽出至子薹、孙薹的相继抽出、开花,直至开花基本结束,即为抽薹开花期。此期与莲座期有些重叠。这段时间拉得很长,因为中间要经历低温越冬。从时间跨度看,可能是11月至翌年2月底或3月上旬,历时100多天。

抽薹开花期是红菜薹对低温反应最为敏感的时期,5～10天内虽莲座叶可以较缓慢地生长,但抽薹比莲座叶的生长更为缓慢,种株现蕾,20天后薹长不到5厘米。虽能开花,但很难着果。叶、薹虽能耐一般的霜冻,但一遇地面冰冻,则菜薹茎秆也会结冰,严重时种株会被冻死。如果遇上大雪冰冻,则植株被毁,采种失败。鉴于以上情况,大株采种宜安排在温室或大棚中种植,才可确保成功。还有一个办法就是选择越冬时无零下温度的地区采种,如广东、广西可安排生产原种。

(四)种子成熟期 红菜薹开花结束至角果有50%转黄变色为止,即种子成熟期,历时约30～40天。

种子成熟的快慢与温度有关,温度高时种子成熟快,但千粒重较小,种子产量较低;温度较低时,种子成熟慢,千粒重较大,种子产量也较高。但是温度过低时,种子难于成熟,这就是武汉地区秋季繁种难于成功的要害。

二、采种地区的选择

笔者先后在武汉市、十堰市郊、湖南临湘、广东深圳市、海南三亚市、山东淄博市、内蒙古包头市、甘肃张掖市等地进行过红菜薹的种子生产或原种选择采种试验,现将部分地区情况归纳于下,供红菜薹或白菜种子生产者参考。

(一)海南三亚市 1990 年 8 月底在荔枝沟干休所试验地上种植十月红二号,结果植株发生软腐病全死,没采到种子。2004 年 9 月在师部农场播种一个早熟株系采种,施药也控制不住,结果被斜纹夜蛾吃光,没收到种子。

(二)广东深圳市坑梓 1999 年 10 月 26 日播种在大棚中,9 月 18 日定植于露地,由于受两次台风暴雨袭击,死了不少,但活着的于 10 月 6 日始花,10 月 16 日至 11 月 30 日进入盛花期,12 月 3 日至 20 日分期采收,种子比较饱满,但 100 平方米只收到了 3 千克种子。

(三)湖北武汉市 笔者自 1984 年至今,每年在华中农业大学校园内外都有亲本选育和种子生产大株或小株的越冬栽培采种。在武汉 10 月下旬至 11 月播种,以莲座期越冬的,采种均获成功;而以大株越冬的,多数年份也是成功的。但 6～8 年中可能有 1 年植株被冻死,虽说植株不一定被冻死,但采种是失败的。正常年份,种株栽培管理好的每 667 平方米可采种 60 千克左右,管理差的只有 35～40 千克。总的来讲,超过 50 千克的年份很少。大棚采种不会受冻致死,但大棚栽培种株菌核病相当严重,要做好预防工作。另外,利用大棚采种需放养传粉昆虫(蜜蜂、苍蝇等),没有传粉媒介,也可人工授粉,但种子很少。

(四)山东中部地区 据徐新生、刘红光(2002～2003)报道,在当地都采用春播种,一般于 1～2 月份在大棚或小拱棚中育苗,3 月份定植,4～5 月份抽薹开花,6 月下旬收获,收得早的正好赶上长江流域销售,收得晚的销售有点偏晚。山东繁种每 667 平方米产籽在 100～130 千克,比武汉市产量高 1 倍,而且种子质量好。

(五)甘肃张掖地区 一般为春播采种,2～3 月份播种,4 月中旬定植,5 月份开花,6 月底至 7 月上中旬采收。种子饱满,千粒重大田间栽培管理好的,每 667 平方米产籽 120～150 千克。其问题是种子采收较晚,7 月中下旬才可到达红菜薹种子销售市场。

综上所述,红菜薹种子生产宜在湖北、湖南、四川、江西等省生产原原种和原种,安排在山东、山西、陕西、甘肃等省繁殖生产种,既可防止种性退化,又可获得种子高产,还可保证种子质量较好。

三、采种方法

(一)大株采种 利用和主要生产季节的植株长得一样大小的植株进行种子生产,即大株采种。

1. **大株采种的应用** ①用于大株一级繁育制采种;②用于大株二级繁育制采种;③用于原种生产的选种和后代鉴定;④用于杂种一代亲本的选种和繁种。

2. **大株的培育** ①用纯度较高的种子播种,一般采用育苗移栽。②播种期。中晚熟品种可与生产田同时播种,也可在 9 月底播种,但早熟品种只可在 9 月底至 10 月初播种。根据当地气候条件,以能形成大株为原则,播早了植株年前抽薹开花太多,消耗养分,待到低温越冬时,植株抗性差,易受冻。③栽培管理。与大田生产没有太大区别,但应注意适当种密一点,增施磷、钾肥,少施氮肥。在缺硼的田块,每 667 平方米增施硼肥 2～2.5 千克。遇冰冻天气时,要保温防冻。

(二)中株采种 所谓中株采种就是用比大株小、比小株大的植株进行种子生产。比如十月红一号、十月红二号大株都有 6～8 片初生莲座叶,抽侧薹 7 个左右,中株则只有 5、4、3 片(个)初生莲座叶和侧薹。

1. 中株采种的应用　中株主要用于生产种的繁殖,在山东、内蒙古、甘肃等地的红菜薹繁种,基本上都是用中株。由于北方繁种都是春播,植株已长出几片初生莲座叶,也抽出几根侧薹,但没有时间长出所有莲座叶和抽出所有的侧薹,就已大量开花。中等大小的种株也给我们提供了不少遗传信息,可供选择,因此中株采的种比小株采的种质量会更好一些。

2. 中株采种的种株培育　在武汉市中等种株采种一般在 10 月中下旬播种,11 月份定植,春节后抽薹开花,4 月底采收种株。山东、甘肃、内蒙古于 2～3 月份在大棚中播种育苗,3～4 月份定植,株行距 30 厘米×50 厘米,4～5 月份抽薹开花,6～7 月份采种。

(三)小株采种

1. 小株采种　小株采种只能繁殖生产用种。

2. 种株培育　武汉市一般于 11 月份播种,定植成活后越冬。也可于 12 月份或翌年 1 月份在大棚中播种育苗,2 月份定植,3～4 月份抽薹开花,5 月份采收种株。由于小株采种没有或很少有侧薹,植株开展度小,宜密植。可按行距 30～40 厘米、株距 20～25 厘米定植,每 667 平方米栽 8 000～10 000 株。

以上 3 种不同大小植株采种,各有其优缺点,种子生产中应根据不同的生产目的,合理选用采种方法。要求纯度高时,应采用大株采种,以便于选优去劣。作为生产种,则宜用中株或小株采种。

四、种子繁殖模式

红菜薹目前繁种大多为一级繁种,即在种子生产田中选株混合采种,用作翌年繁种用的种子,种子只有 1 个等级。而从生产发展对种子高质量的要求分析,这是达不到要求的。如果我们做不好这项工作,若干年后红菜薹种子又将为国外优质种子所取代。现提出以下几种繁育制度供参考。

(一)大株一级繁育制 这是现在缺乏原种生产条件的种子公司常用的繁种方法。即每年从大面积生产田里选择较好的地块,从中选优或去杂去劣后,用以栽植翌年春季的采种圃,采种圃内收获的种子,供秋季生产田播种之用。其操作模式见图2。

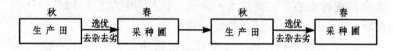

图2 大株一级繁育制程序

这种繁育制度比较简便省事,如果能从较大面积选择较多的优良单株,在采种田较大的情况下,不仅能保持原品种的优良性状,而且有利于改良种性。但是,如果只选择少数几株采种,隔离条件又不太好,或者大面积去杂去劣工作做得较差,则往往会造成混杂、退化,失去原有品种的优良性状。

(二)大株二级繁育制 这种繁育制每年专设1个大株培育圃,从中选择一些优良植株栽植到具有严格隔离条件的春季采种圃里,繁殖当年秋大株培育圃的用种,并对秋大株培育圃余下的植株进行多次去杂去劣后,繁殖生产用种(图3)。

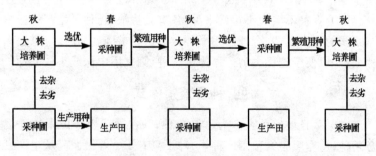

图3 大株二级繁育制程序

这种繁育制与一级繁育制相比,更不容易混杂退化,因为每年都从大株培育圃选择优良单株,又在严格的隔离条件下采种,能够较好地保持品种的优良种性。在繁殖生产用种的采种圃里,即使有些混杂,也只影响1代,并不影响繁殖用种的种性。其缺点是比一级繁育制稍麻烦,需2个隔离区。

(三)大中小三级繁育制 大、中、小株三级繁育制,即用大株繁殖原种,用中株或小株繁殖生产用种。前两种方法是用大株培育圃繁殖生产种,很显然繁殖的种子量非常有限,这就需要一种扩大繁种规模的繁种制,利用大株和中(或小)株结合繁种的空间隔离在2 000米以上,繁殖原种的隔离在1 500米以上,而繁殖生产种的隔离在500米以上,但两个红菜薹的品种间隔离200米即可(图4)。

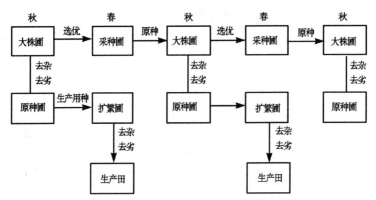

图4 大中(小)株三级繁育制模式

大株选优后留下的植株采收的种子要作繁种用,因此隔离要严格,去杂去劣要彻底,严格防止机械混杂。扩繁圃即大面积种子生产田,用中株或小株均可。如果在北方繁种,大多为中株。如果在南方10月份播种的可能长成中株,11月份播种年内定植或12月份至翌年1月份大棚播种2月份定植的,都只能长成小株,所以种植密度要跟上,种得过稀产量会很低。

3级繁育制中大株圃面积应不少于1 000平方米,入选的优株应不少于200株,种植50平方米以上,种株越多,面积越大,越不易混杂。最好是一年繁育原种10~20千克,可直接用原种繁育生产种,种子密封贮存在0℃以下的冰箱中可用5~10年。

一、二级繁育制适用于小的种子店,找一块隔离条件较好的地,用头年选的种子播种,只要按时选种即可。不过初选株要比次选株多1~2倍,以防止后期死株。种植大株的面积视种子销售量而定。三级繁育制适宜较大的种子公司大面积繁种的要求。

五、红菜薹良种繁育程序

为了保证种子有较高的质量,种子必须按照一定的程序繁殖。在实际工作中,目前存在着两种不同的繁育程序:一种是许多发达国家采用的"重复繁殖";另一种是我国沿用多年的"循环选择"或称"提纯复壮",即采用"三圃"制提纯更新。

(一)原种重复繁殖 利用原原种重复繁殖原种,其繁育过程简示如图5。

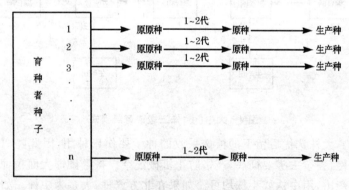

图5 重复繁殖良种示意图

重复繁殖是由育种者提供原原种,由专门的种子繁殖基地生产原种和生产用种。由种子公司统一供种,生产用种在生产上只用1次,下一轮又从育种者提供的原种开始,重复相同的繁殖过程,如此重复不断地繁殖生产用种。原原种数量不够时,可繁殖1～2代后作原种,数量够时可直接繁殖原种,再繁生产种。

重复繁殖生产原种,每一轮种子生产都由育种者提供原原种,种子质量高,可确保种子纯度,使品种的优良性状可以长期保持。但在品种已经退化的情况下,也只能用"三圃"制提纯生产原种,再繁殖生产用种。

(二)"三圃"制提纯更新　"三圃"即株行圃、株系圃和原种圃,当一个常规品种混杂退化以后就可利用"三圃"制来提纯复壮该品种。其做法是培育大株圃,从其中选择典型的单株,单独采种,下一代进行株行比较,淘汰较差株行,入选株行去杂后混合采种成株系,再下一代进行株系比较,再淘汰一些较差株系,入选几个株系混合采种,即为原种。最好新品种一开始推广就建立三圃保纯。三圃提纯和繁殖生产种的操作过程如图6。

"三圃"制提纯,在选择方法上采用单株选择,分系比较和混系繁殖,有利于鉴别分离和变异,也有利于防止遗传基础的贫乏,所以能够有效地提高种子的纯度,保持品种的优良性状。但由于原种生产时间

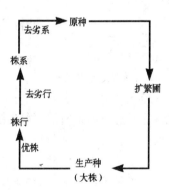

图6　三圃提纯和繁殖生产种

较长,操作起来较麻烦,而且易于造成混杂和变异,在红菜薹种子生产中应用得不多,所以现在红菜薹用种多、乱、杂的局面不易改变。

繁育程序分为原原种、原种和生产种的繁殖,要求不尽一致。

1. 原原种的生产和繁殖　凡经审定或认定合格,确有推广价值的新育成品种的原始种子,称为原原种。它由育种者直接生产和提供,具有较好的典型性和很高的纯度,但种子数量较少,必须加速繁殖,生产出大量的原原种种子。为便于去杂去劣,原原种繁殖原种时,需用大株繁殖,以便于去杂。

2. 原种的生产和繁殖　利用原原种繁殖,或原有品种经"三圃"提纯的种子,称为原种。原种的质量很高,但数量不足,需繁殖1～2代,获得大量的优质种子,才能尽快地应用于生产。

3. 生产种的繁殖　用原种扩大繁殖,选择种子产量高、质量好的地区繁种,繁殖面积依据种子销售量来确定,按每667平方米产籽120千克计算。选用排灌方便地段,给予优良的栽培条件,提高繁殖系数和经济效益。同时,注意去杂去劣,防止混杂,保证种子质量。

六、种株培育和去杂

(一)种株培育

1. 繁种地点的选择

(1)选种地段的种株(大株)培育　应在红菜薹商品生产基地栽培,这样选出的材料能更好地适应当地的栽培条件,不易发生变异,以在长江流域繁种为好。

(2)繁殖生产种的种株(中株或小株)　宜在种子生产基地栽培,以获得种子产量最高、种子质量最好的地区为种子生产基地,以西北地区为最好,东北、华北地区次之。

2. 栽培季节　华中长江流域大株选种以8月底至9月份播种较好,10月份定植,11月份大种株形成便可选种,11月份始花,至翌年3月份均为开花期,种子于4月下旬成熟采收。

华北地区以山东为例作为种子生产基地,一般于2月份在保护地播种,3月份定植,4～5月份抽薹开花,6月中下旬采种;而西北则在 3 月份播种,利用小拱棚覆盖,于 4 月份定植,5 月份抽薹开花,6 月底至 7 月上中旬采种。

3. 种株栽培技术要点

(1)整地施基肥 选近 2～3 年未种过白菜类蔬菜的地块作采种地,耕耙 2 次,土不宜整得过细,最好经 7～10 天炕地后栽苗。每 667 平方米施腐熟有机肥 3 000 千克以上,三元复合肥 50 千克,过磷酸钙 30 千克,硼肥 2.5～3 千克,均匀撒于耙好的地表,再开沟做垄,用沟土将肥覆盖。按每 667 平方米苗床栽 20×667 平方米面积准备苗床地。

(2)育苗 选肥力较好,土质疏松、排水良好的地块育苗,每 667 平方米施腐熟厩肥 5 000 千克以上、复合肥 100 千克、尿素 10 千克作基肥,均匀撒于地表并拌匀、耙平即可播种。为便于操作,苗床宜做成 1.2～1.3 米的窄厢,边缘稍高,按 30 平方米播种 70 克左右,准备苗床。种子均匀撒在苗床表面,再盖土,上面再盖冷凉纱(夏秋)或薄膜(早春),盖薄膜的宜先浇水后盖膜。种子开始出苗时揭去覆盖物。

(3)定植 苗龄 20～30 天定植,早熟品种 20～23 天即可定植,晚熟品种 25～30 天定植。大株选种的,每 667 平方米种 4 000～5 000 株。中株采种的每 667 平方米栽 5 000～6 000 株,小株采种的每 667 平方米栽 8 000～10 000 株,早熟种还可密一些。定植前苗床先浇足水,待水均匀渗入土中后方可取苗,以便于带土保护根系。栽苗后及时浇水,全田定植完后灌 1 次水,以确保幼苗成活。

(4)田间管理 一是保证水分供给,以促进幼苗成活,注意及早补缺苗,保全苗,以后天旱则浇水。二是促进幼苗生长,定植成活后每 667 平方米追施尿素 10 千克,封行前在行间开沟追施复合肥 30 千克,尿素 10 千克,过磷酸钙 10 千克,氯化钾 10 千克,供主、侧薹抽生和开花之用。开春后,用磷酸二氢钾根外追肥 1～2

次。春季菌核病、菜青虫等危害较重,应及时喷药防治。如田间有草也应拔除干净,以免混入种子中。

4. 种株采收、脱粒、干燥和贮藏

(1)种株采收 当种株上种荚大部分变黄、顶部种子着色时,种株应及时采收。多雨地区应防止雨水淋湿种株,以免影响种子色泽。

(2)种株脱粒 种株采收后熟3~5天后,摊开晾晒至角果干枯,便可选晴天打籽。由于种角开花坐果的时间有先后,第一次脱粒大部分种子均可脱粒,但晚开花的可能需再晒残留种株后,再打1次,才能脱粒彻底。脱粒后的种子再晒1~2天,除去杂物便可包装。最好按一定规格密封包装,便于搬运和销售。而原原种和原种则按公司每年繁种的用种量用密封袋小包装。

(3)种子贮藏 生产用种,当年能销售完的种子,置于普通仓库中贮藏。当年销售不完的种子应置于冷库中堆藏,销售时再取出。而原种、原原种则可贮藏于冷库中,也可贮藏在冰柜或冰箱中,在0℃下存放5~10年,发芽率可保持在90%左右。

(二)种株去杂 ①在采收始期进行熟性选择,去杂。②在采收期进行有、无蜡粉选择,去杂。③在初生莲座期进行叶形选择,于侧薹采收时进行薹叶选择,去杂。④于侧薹采收时进行薹的选择,去杂。⑤于种株采收前进行果实、种子的选择,去杂。

第十五章　杂种一代种子的生产

红菜薹杂种一代种子生产比常规种子生产的各个环节要复杂得多,技术要求特别严格。本章将重点介绍利用自交系、自交不亲和系和雄性不育系生产一代杂种的方法。

一、利用自交系生产一代杂种

(一)自交系的繁殖与保纯　自交系是指从某品种的一个单株连续自交多代,结合选择育成的性状整齐一致,遗传性相对稳定的自交后代系统。用两个或多个优良自交系可配成杂种一代,繁殖种子便可用于生产。

1. 优良自交系应具备以下条件　①性状较整齐一致。这是检验自交系纯度的主要内容。②配合力高。这是检验自交系利用价值的重要标志之一。③生长势较强。一般自交系在选育过程中,经多代自交后,植株生长势较弱,影响制种的种子产量。④抗性较强。特别是抗病性要强,耐寒、耐热、耐旱性都应较强。⑤多数优良性状可以遗传。

2. 自交系的繁殖　一个自交系一次繁多少种子,需依据用种量确定,一般数量都不会很大。因为生产种的繁殖一般每 667 平方米的用种量约 25 克。如果每年繁殖 20×667 平方米,则需自交系种子 500 克,按繁殖 1 次用 5～10 年的量计算,有 300 平方米就足够。在武汉市气候条件下,300 平方米约可产自交系种子15～20 千克。这里讲的是 2 个亲本之和,操作时按种植比例确定各自的量。

3. 自交系繁殖时应注意的问题　①隔离。要求与白菜类油菜和蔬菜(大白菜、小白菜、菜心、白菜薹及不同品种的红菜薹)的空间距离为 1 500～2 000 米。②繁殖 1 年可用多年。目的是减少亲本繁殖代数，因为每繁殖一代，都有混杂退化的可能。一般新品种育成时，自交系的纯度均较高。所以，一旦确定了推广的品种，马上安排扩繁亲本。③自交系繁殖一律用大株采种，以便于去杂。④用网棚隔离繁种者，必须在棚内放养蜜蜂等传粉昆虫。⑤在山区繁种时，要注意避免野兽为害。⑥加强肥水管理，因为自交系生长势一般较弱，只有在较高的肥水条件下营养生长才充分，较大的营养体才有理想的种子产量。

4. 自交系种植方法　可参照第十四章有关规定进行。

(二)自交系的配组方法

1. 单交种　是指用2个自交系进行相互间杂交(A×B)成杂种一代的方法。

2. 双交种　是由4个自交系配制成两个单交种(A×B、C×D)，再由2个单交种杂交配成双交种(A×B)×(C×D)。

3. 三交种　是指由单交种和自交系杂交(A×B)×C配制而成的一代杂交种。

利用自交系配组的优点是自交系比较容易选育，一般经3～6代的自交选育，便可育成一批自交系，有5～10个自交系，便可从中筛选出较好的自交系和杂种组合，可较快地用于生产。缺点是自交系间配成的杂交种中，假杂交种较多，影响杂种优势。

二、利用自交不亲和系生产一代杂种

利用自交不亲和系配制一代杂种已为十字花科蔬菜育种广为利用，红菜薹的华红一号、华红二号品种就是利用自交不亲和系配成的一代杂种。

利用自交不亲和性配制杂种一代，是将不同的自交不亲和系相邻种植生产一代杂种种子。

(一)自交不亲和系的几个指数　自交不亲和性是指花朵的雌、雄二性的配子都有正常的受精能力，但花期自交不能结籽或结籽极少的特性。自交不亲和的好坏除性状整齐一致外,常用以下3个亲和指数来衡量:①花期自交不亲和指数。一般定在1以下,以保证杂交率高。②蕾期自交亲和指数。一般应在10以上,以便于亲本繁殖。③系内株间亲和指数。一般以小于2为准,以减少系内株间杂交的假杂种。

(二)自交不亲和系的繁殖与保纯　自交不亲和系的保纯除性状的一致外,还要保持上述几个亲和指数在标准范围以内。保纯主要通过繁种措施来实现。其繁殖方法主要有以下两种。

1. 剥蕾自交　所谓自交不亲和系都是指花期自交不亲和,但蕾期自交都是亲和的,所以在花蕾期剥开花蕾,将本株的花粉授在柱头上就可较好的结籽而得到亲本种子。因为蕾期的柱头对花粉缺乏识别能力,所以能接受自身花粉。1个熟练女工一天可授3 000~5 000朵花,若每花结10粒种子,则可收到30 000~50 000粒种子,以千粒重为2克计算,可得种子60~100克。

2. 隔离区采种　和繁殖其他原种一样,应采取隔离区采种。假如每667平方米栽5 000株,每株开2 000朵花,其亲和指数为0.1,则所得种子数应为:$0.1 \times 2\,000 \times 5\,000 = 1\,000\,000$ 粒,按千粒重为2克换算,则 $1\,000\,000 \times 2/1\,000 = 2\,000$ 克。其产量随亲和指数的大小而变化。

现代已有许多提高种子产量的措施可供参考,较为行之有效的是在花期喷5%的食盐水,2~3天喷1次,就可大大提高亲和指数,以提高种子产量,其他方法都受条件限制,难以实施。

(三)利用自交不亲和系配组　用自交不亲和系配组,只可配成单交种。其配组方法有两个:一是不亲和系×不亲和系,可以正反交混合采种;二是不亲和系×自交系,从不亲和系上采的种好,而从自交系上采的种杂种率稍低,所以需分别采种。利用自交不亲和系配组的优点是正反交种子均可利用,而且杂种率高,种子产量也高。其缺点是亲本繁殖比较困难,产量低。

三、利用雄性不育系生产一代杂种

雄性不育系已经应用于红菜薹杂种一代种子的生产,华中农业大学育成的红杂 60、50、40、70 都是用雄性不育系作母本配成的优良杂种一代。

(一)红菜薹雄性不育的类型及利用价值 经笔者近 20 年的红菜薹育种实践,发现红菜薹的雄性不育有许多类型,现简要介绍如下。

从表现型的角度考虑,雄性不育可分为闭锁不育型(花冠闭锁不开花,大量死蕾)、败雄不育型(花蕾中雄蕊、花瓣均退化消失)、功能不育型(花药迟熟不开裂)、部位不育型(雌蕊特长,雄蕊短缩连成一体,紧抱在雌蕊基部)、败药不育型(花药萎缩退化,白色或浅色,但开花正常)等 5 种。在这 5 种类型中,只有败药型有利用价值,这就是我们一般说的雄性不育,它开花正常,雌蕊正常而雄蕊败育,是选育雄性不育系的好材料。其余几种都是在选种、繁种中应予淘汰的。

败药型不育从遗传的角度考虑,它又分为核不育(50%不育)和质不育(100%不育)两类,从体形上无法识别。其共同特点是:①不育的花冠比正常的花冠小,黄色较浅,花瓣也较短小。②雌蕊较正常花的雌蕊稍小,但功能正常。③雄蕊有不同程度的退化。花药的颜色从浅黄到白,花药的大小比正常稍瘦小、丝状,花药比正常稍短,紧贴花柱基部。显然,花药白色、丝状、短小为退化最彻底,是最佳入选标准。

从整个植株而言,还常见到一种嵌合型不育,即植株上有不同比例的不育花和可育花。这种类型不育性不够稳定。

按雄性不育与环境条件的关系还可分为低温不育、中高温不育和稳定型不育等 3 种类型。在常规品种的生产田中,冬季至早春常可见到雄蕊退化的不育株,经笔者多年观察,这类不育株多数在温度较高时转为可育,在温度较高时仍不育的后代多年观察、测交结果,不育率很难超过 50%,可能属于核不育类型。中高温不育型表现为冬季和早春可育,至 3 月中下旬以后转为不育,而且表现为 100% 不育。在这类不育的一般情况下,不同植株对温度高低的敏感性不尽相同,只有充分掌握其变化规律后才可确定其有无利用价值。稳定型不育,即不管在什么温度条件下,自始至终花药退化无花粉,而且所有的花都是如此,表现为 100%,这类不育才是我们所期望的不育类型,用这种雄性不育系配成的杂种一代种子,其杂种率可达 100%。

利用雄性不育系作母本,用优良自交系作父本,便可配成杂种一代种子,其种子用于生产时表现明显的杂种优势,生长势强,抗病性强,产量高。

(二)利用雄性不育系的配组方法

1. 单交种　雄性不育系×自交系(3～4∶1)

雄性不育系×自交不亲和系(3～4∶1)

2. 三交种　雄性不育系×(自交不亲和系×自交系)

3. 双交种　(雄性不育系×异型保持系)×(雄性不育系×异型保持系)

(雄性不育系×异型保持系)×(自交不亲和系×自交系)

虽说利用雄性不育系配制一代杂种有很多配组方法,但通常使用的还是以单交种为多,因为单交种较简单易行,且 F_1 性状更为整齐。

(三)雄性不育系的繁殖与保存

1. 繁殖　雄性不育系育成的同时也育成了其保持系,繁殖不育系时就是用保持系与不育系按 1∶2 种植,不育系上收获的种子仍为不育系,保持系上收获的种子仍为保持系。在繁殖过程中应保证隔离条件。

应该注意的是保持系往往生长较弱,所以在不育系繁殖过程中,其水肥管理上应从优安排。

2. 保存　不育系和保持系种子大多是繁殖 1 年用几年,必须将种子晒干装袋、密封以后保存在 0℃ ～ －20℃ 的条件下保存,5～10 年发芽率可保持在 90％以上。

(四)利用雄性不育系配种的优缺点　利用雄性不育系配制一代杂种的最大优点,首先是母本上采的种子杂种率高,可达100％,而且稳定可靠;其次是亲本繁殖较简单。最大的缺点是父本为常规种,往往要占全田种子的 1/3～2/5,这部分种子有的可作商品种销售,有的因不能用而报废。

四、三种制种方法的综合利用及评价

第一,自交系虽说在作母本配制一代杂种时不够理想,但作父本却神通广大用处多。不管你用什么系作母本,自交系都可作父本。如果你手中有 10～20 个优良的不同类型的自交系,就可大大提高你商品种子的应变能力。当然,不育系、自交不亲和系多更好,但不育系和自交不亲和系选育起来要比选育自交系困难得多,而且自交系可以跟着新品种的出现随时取样选育跟进。综合性状优良的自交系还可直接扩繁种子作常规品种销售。

第二,自交不亲和系配制一代杂种时,如果双亲都是自交不亲和系是最理想的配种组合,因为其种植模式可按 1∶1 栽培,而且可混合采种,其制种成本是最低的。自交不亲和系应用也比较广泛,既可作母本也可作父本,如果用作雄性不育系的父本,还可减少父本种子产量,降低生产成本。但自交不亲和系繁殖成本较高,每千克繁种费需 600～1 000 元。另外,自交不亲和性容易变异,所以保纯比较困难。

第三,雄性不育系在配制杂种一代时只能用作母本,而且以单交种母本为主,虽也用异型保持系与不育系配组繁殖不育系,但毕竟选育起来比较麻烦,必须育成多个不同类型不育系和保持系才有可能。

　　综上所述,自交系、自交不亲和系都可自成一体,配成杂种一代,而雄性不育系却只能作为母本,必须另配自交系或自交不亲和系作父本。

第四篇　红菜薹病虫害及其防治

第十六章　红菜薹病害及其防治

一、软腐病

(一)症状　嫩组织开始受害时,呈浸润半透明状椭圆形病斑,后变褐色,随即变为黏滑软腐状,最后患部水分蒸发,组织干缩。红菜薹莲座叶生长期开始发病,采收期病情逐渐加重。病株叶柄基部和根颈处心髓组织完全腐烂,由心叶逐渐向外腐烂发展,充满灰黄色黏稠物,臭气四溢,植株腐烂,用手一拔即起。

(二)病原及传播　软腐病病原物为细菌(Erwinia aroideae (towsend) Holland),菌体为短杆状,在4℃~36℃都能生长发育,但最适温度为27℃~30℃,不耐干燥和日光。病菌主要在病株和病残体组织中越冬。田间发病的植株、春天带病的种株、土壤中和堆肥里的病残体上都有大量病菌,是重要的侵染源。通过昆虫、雨水和灌溉水传播,从伤口侵入寄主。由于寄主范围广泛,所以能从春至秋在田间各种蔬菜上传染繁殖,不断危害,再传到红菜薹上。由于红菜薹是长时间、多次采收,所以伤口多,易于感染,特别是当蚜虫为害严重时,发病更重。播种愈早发病愈重。

(三)防治技术　防治软腐病应以加强田间栽培管理,防治害虫,利用抗病品种为主,再结合药剂防治,才能收到较好效果,应做到以下6项工作:①注意轮作。选多年没种过十字花科蔬菜的田块种植。不要在低洼地种植。②提早耕翻整地,使土壤经受夏季高温炕晒,减少病菌。③采用垄作或高畦栽培,有利于排水,减轻发病。④适期播种。长江流域以处暑前后播种为宜,其他地区可适当调整播期。⑤及时清除病株残叶,并在病株穴内撒消石灰杀灭病菌,以防止蔓延。注意防虫,减少伤口。⑥药剂防治。发病初期及时用药防治。可用 72％农用链霉素可溶性粉剂 3 000～4 000倍液,或 77％可杀得 500 倍液,或 47％加瑞农可湿性粉剂 750 倍液,或 50％代森铵 1 000 倍液,或新植霉素 3 000～4 000 倍液,或20％龙克菌悬浮剂 500 倍液,或 3％中生菌素可湿性粉剂 800 倍液,或 47％春·王铜可湿性粉剂 800 倍液,或 20％噻菌酮可湿性粉剂 1 000 倍液,或 25％噻枯唑可湿性粉剂 800 倍液喷洒,每隔 7天喷 1 次,连续喷 3～4 次,重点喷洒病株基部和近地表处,则效果更好。

二、霜 霉 病

(一)症状　红菜薹霜霉病从苗期至采收期和种株均可发病,危害子叶、叶片、花及种荚。苗期发病致子叶或嫩茎变黄后枯死。真叶发病多始于下部叶背,初生水浸状淡黄色周缘不明显的病斑,后病部在湿度大或有露水时长出白霉,或形成多角形病斑。一般品种先在叶面出现淡绿色斑点,逐渐扩大为黄褐色,枯死后变为褐色,病斑受叶脉限制呈不整齐或多角形,直径 5～12 毫米不等。采种株的茎顶及花梗染病,多肥肿畸形,种荚染病长出白色稀疏霉层,结实不良。

(二)病原及传播　病原学名 Peronospora parasitica（Pers）Fr. 称寄生霜霉或芸薹霜霉,均属鞭毛菌亚门真菌。菌丝体无隔,无色,生长蔓延于寄主间隙,产生吸器,伸入寄主细胞内吸取营养。以 7℃～13℃ 为最适繁殖温度,侵入红菜薹植株的最适温度为16℃。霜霉病主要发生在春、秋两季,病菌主要以卵孢子在病残体和土壤中越冬。田间病害的蔓延主要是孢子囊重复侵染的结果,环境合适时,潜育期只有 3～4 天,主要靠气流传播。

(三)防治方法 ①选抗病品种。②种子消毒。播前用50%福美双可湿性粉剂或75%百菌清可湿性粉剂拌种,用药量为种子重量的0.4%。③合理轮作。注意与非十字花科蔬菜轮作。④采用深沟高垄栽培,收获后注意清洁田园。⑤药剂防治。发病初期或轻发生年份,每隔7~10天喷洒1次,连续喷3~4次,发生较重时,每隔5~7天喷1次,连续喷4~6次。防治时注意药剂交替使用,其药剂可选用80%大生可湿性粉剂600倍液,40%乙磷铝可湿性粉剂300倍液,69%安克锰锌可湿性粉剂1 000倍液,72%霜脲·锰锌可湿性粉剂600~800倍液,25%甲霜灵可湿性粉剂600倍液,52.5%抑快净水分散性粉剂2 500倍液,77%可杀得可湿性粉剂600倍液,47%加瑞农可湿性粉剂800倍液,65%代森锌可湿性粉剂600倍液,75%百菌清可湿性粉剂600倍液,50%敌菌灵可湿性粉剂500倍液,64%杀毒矾500倍液,10%科佳2 000倍液,58%金雷多米尔600倍液,50%瑞毒霉锰锌500~600倍液,70%乙铝·锰锌可湿性粉剂500倍液,58%甲霜灵锰锌可湿性粉剂500倍液,60%氟吗锰锌可湿性粉剂700~800倍液,50%克菌丹可湿性粉剂500倍液喷雾防治。应注意喷到病叶背面。

三、病毒病

(一)症状 苗期发病心叶呈明脉或叶脉失绿,后产生浓淡不均的绿色斑驳或花叶。成株期发病早的叶片严重皱缩,质硬而脆,常生许多褐色小斑点,叶背主脉上生褐色、稍凹陷的坏死斑,植株明显矮化畸形,抽薹少、小、晚。感染晚的症状不十分明显。种株带染病的花蕾发育不良或花瓣畸形,不结荚或果荚瘦小。籽粒不饱满,发芽率降低。

(二)病原及传播 红菜薹病毒病毒源主要为TuMV(芜菁花叶病毒)和TMV、CMV(烟草花叶和黄瓜花叶病毒)复合侵染,TuMV、CMV、TMV(芜菁花叶、黄瓜花叶、烟草花叶病毒)复合侵染较多。

芜菁花叶病毒(Turnip mosaic virus 简称 TuMV)，粒体线状，通过蚜虫和汁液接触传播。黄瓜花叶病毒(Cucumber mosaic virus 简称 CMV)，病毒颗粒球状，种子不带毒，主要由蚜虫传播，发病适温为 20℃，气温高于 25℃多表现隐症。烟草花叶病毒(Tobacco mosaic virus 简称 TMV)，病毒粒体杆状，种子带毒，成为初侵染源，枝叶残体在田间带病越冬，都可成为初侵染源。田间通过汁液接触传染。

(三)防治技术

1. 选用抗病品种　红杂 60、十月红一号、十月红二号田间很少发病。

2. 适当晚播　长江流域于 8 月下旬播种较好，愈提前则发病愈重。

3. 拔除病株　植株生长前期注意拔除病株烧毁，以消灭毒源。

4. 注意防蚜　蚜虫是病毒的主要传播媒介，全生育期都要治蚜，特别是苗期和前期。

5. 药剂防治　发病初期开始喷 20％病毒 A 可湿性粉剂 500 倍液，或 3％菌毒清 300 倍液，或 1.5％病毒灵乳剂 1 000 倍液，或 1.5％植病灵Ⅱ号乳剂 1 000 倍液，或 5％菌毒清水剂 400～500 倍液，或 40％病毒必克可湿性粉剂 500 倍液。每隔 7～10 天喷 1 次，连续喷 3～4 次。

四、黑 腐 病

(一)症状　黑腐病各地均有发生，危害多种十字花科蔬菜，分布很广。有的地区或个别地块也能造成严重损失。它是一种细菌引起的维管束病害，其症状特征是引起维管束坏死变黑。幼苗被害，子叶呈现水浸状，逐渐枯死或蔓延至真叶，使真叶的叶脉上出现小黑点斑或细条斑。成株发病多从叶缘和虫伤处开始,出现"V"字形的黄褐色病斑,该部叶脉坏死变黑。病菌能经叶脉、叶柄发展蔓延到茎部和根部,使茎部和根部的维管束变黑,植株叶片枯死。

(二)病原 黑腐病为黄单胞杆菌属细菌[学名 Xanthomonas compestris (Pammal) Dowson]侵染所致,菌体杆状。生长发育的适温为 25℃～30℃,能耐干燥,致死温度为 51℃。病菌在种子内和病残体上越冬。播种带病的种子,病菌能从幼苗子叶叶缘侵入,引起发病。成株叶片染病,病原细菌在薄壁细胞内繁殖,再迅速进入维管束,引起叶片发病,再从叶片维管束蔓延至茎部维管束,引致系统侵染。采种株染病,细菌由果柄处维管束进入,沿维管束进入种子皮层,或经荚皮的维管束进入种脐,致种子内带菌。也可随病残体碎片混入或附着在种子上,致种外带菌。病菌在种子上可存活 28 个月,成为远距离传播的主要途径。高温多雨天气及高温条件,叶面结露,叶缘吐水,有利于病菌侵入而发病。

(三)防治技术 ①种植抗病品种。②与非十字花科蔬菜进行 2～3 年轮作。③种子消毒。用 45%代森铵水剂 300 倍液浸种 15～20 分钟,冲洗后晾干播种。④药剂防治。发病初期选用 72%农用硫酸链霉素可溶性粉剂或新植霉素 4 000 倍液,1%中生霉素水剂 100 倍液,14%络氨铜水剂 350 倍液,77%可杀得可湿性粉剂 500 倍液,47%加瑞农可湿性粉剂 800 倍液,30%百菌通(DTM$_2$)可湿性粉剂 600 倍液,20%龙克菌 500 倍液喷洒,各种药剂交替使用,每隔 5～7 天喷 1 次,连续喷 2～3 次。

五、菌核病

(一)症状 十字花科蔬菜菌核病在长江流域和南方各省发生普遍,危害严重。主要发生在采种株上,多发生在终花期后,危害叶、茎及荚,但以茎部受害最重。一般多从植株近地面的衰老叶片边缘或叶柄开始发病,初呈水浸状浅褐色病斑,在多雨、高湿条件下,病斑上可长出白色绵毛状的菌丝,并从叶柄向茎部蔓延,引起茎部发病。茎部病斑亦先呈水浸状,后微凹陷,由浅褐色转变为白色。高湿条件下,茎部也长出白色绵毛状菌丝,最后茎秆组织腐朽呈纤维状,茎内中空,生有黑色鼠粪状的菌核。种荚受侵染,病斑也呈白色,荚内有黑色小粒状菌核,结实不良或不能结实。

(二)病原及传播　本病由核盘菌[Sclerotinia sclerotiorum (Lib.) de Bary]侵染所致。病原属子囊菌亚门核盘菌属真菌。菌核表面黑色,内部白色,鼠粪状。菌丝不耐干燥,只有在带病残体的湿土上才能生长,要求85%以上的空气相对湿度。对温度要求不严,在0℃～30℃都能生长,但以20℃为最适。菌核形成后,不需休眠,遇适当的环境条件即可萌发,连续降雨对萌发有利。在干燥土壤中,菌核不易萌发,能存活3年以上,在潮湿的土壤中只存活1年左右,在渍水土壤中1个月菌核即腐烂死亡。病菌主要以菌核遗留在土壤中或混杂在种子中越冬、越夏。混杂在种子中的菌核,播种时随种子带入田间。田间的重复侵染,主要是通过病、健植株或组织接触,由患部长出的白色绵毛状菌丝体传染的。

(三)防治技术　①选用无病种子,从无病株上采种,如种子带菌则用10%的食盐水选种,汰除上浮的菌核和杂质。②实行轮作与深耕,可减轻菌核病危害。③彻底清除植株下部的黄叶,可在初花和终花期各进行1次。④药剂防治。发病初期及时喷药防治,可选用50%托布津可湿性粉剂1 000倍液,50%多菌灵可湿性粉剂500倍液,40%菌核净可湿性粉剂1 000倍液,50%农利灵可湿性粉剂1 000倍液,50%甲霉灵可湿性粉剂800倍液喷洒,每隔7～10天喷1次,连续喷2～3次。在收获前7～10天停止用药。

六、黑斑病

(一)症状　黑斑病是十字花科蔬菜常见的一种病害,分布很广。一般年份危害不重,但个别地区该病流行年份,可造成严重减产,茎叶味变苦,品质低劣。该病危害植株的叶片、叶柄、花梗和种荚。叶片发病多从莲座叶开始,病斑圆形,灰褐色或褐色,有或无明显的同心轮纹,病斑上生有黑色霉状物,潮湿环境下更为明显。病斑周围有时有黄色晕环。叶上病斑发生很多时,很易变黄早枯。

(二)病原及传播 该病病原 Alternaria brassica (Berk) Sacc 称芸薹链格孢,属半知菌亚门真菌。白菜黑斑病病菌的分生孢子萌发适温为 17℃～20℃,菌丝生长的温度范围为 1℃～35℃,适温为 17℃。病菌主要以菌丝体及分生孢子在病残体上、土壤中、采种株上以及种子表面越冬,成为田间发病的侵染源。其分生孢子借风传播。孢子萌发产生芽管,从寄主气孔或表皮直接侵入。环境条件合适时,病斑能产生大量分生孢子,重复侵染,扩大蔓延危害。

(三)防治技术 ①选择种植红杂 50、红杂 60 等高抗黑斑病的抗病品种,田间很少发病。②种子消毒。种子如果带菌可用 50℃温水浸种 25 分钟,或用相当于种子重量 0.4% 的 50% 福美双可湿性粉剂拌种,或用相当于种子重量 0.2%～0.3% 的 50% 扑海因拌种。③轮作。与非十字花科蔬菜轮作 2～3 年。增施有机肥,深耕晒垡,清除病残体。④采用药剂防治。如发现病株,及时喷洒 75% 百菌清可湿性粉剂 500～600 倍液,或 40% 克菌丹可湿性粉剂 400 倍液,或 64% 杀毒矾可湿性粉剂 500 倍液,或 50% 多菌灵 1 000 倍液,或 50% 扑海因可湿性粉剂 1 500 倍液,或 40% 乙·扑可湿性粉剂 800 倍液。在黑斑病与霜霉病混发时,可选用 70% 乙磷·锰锌可湿性粉剂 500 倍液,58% 甲霜灵·锰锌可湿性粉剂 500 倍液,每 667 平方米用药液 60～70 千克,隔 7 天左右喷 1 次,连续喷布 3～4 次。

七、根肿病

(一)症状　十字花科根肿病指十字花科植物根部被芸薹根肿菌(Plasmodiophora brassicae Woron)侵染后,引起的主根或侧根薄壁组织膨大症。发病初期地上部症状不明显,以后生长逐渐迟缓,且叶色逐步褪黄,严重的可引起全株死亡。

根肿病发生于根部,根系受病菌刺激,细胞加速分裂,部分细胞膨大,以至形成根瘤。肿瘤一般呈纺锤形、手指形或不规则畸形,大的如鸡蛋,小的如粟粒。在主根上发病时,肿瘤个大而数目少,在侧根上发病时,个小数目多。肿瘤初期表面光滑,后期常发生龟裂,且粗糙。其他杂菌侵入后可造成腐烂,由于根部发生肿瘤,严重影响对水分和养分的吸收,所以地上部出现萎蔫。但在后期感病的植株,地上部症状不明显。

(二)传播途径及发病条件　病原真菌在土壤或种子上越冬,可在土壤中存活 6 年以上,主要靠雨水、灌水、害虫及农事操作等传播。病菌在 9℃～23℃均可发育,适温为 23℃,适宜空气相对湿度 70%～98%。一般低洼偏酸性及钙不足的地块发病严重。

(三)防治技术　①轮作。轮作可使病情显著减轻,水旱轮作效果更好,或与抗根肿病作物轮作。②选择无病土壤育苗。禁止移植病区的带病幼苗。③施用石灰。在偏酸性土壤中施用消石灰,土壤酸碱度以 pH 7～7.2 为宜,每 667 平方米施用石灰 100～150 千克。④及时拔除病株,带至田外烧毁。注意排除田间积水。⑤药剂防治。用15%恶霉灵水剂 500～1 000 倍液,或70%甲基托布津可湿性粉剂 600 倍液浇根。每隔 7 天浇 1 次,连浇 3～4 次。收获前 10 天停止用药。

八、根结线虫

(一)症状　根结线虫病指作物根部感染根结线虫后,受到根结线虫释放的吲哚乙酸等生长激素的影响,细胞恶性分裂,形成根瘤或根结。该病主要发生在须根和侧根上,病部产生肥肿畸形瘤状结。剖开根肿结,内部有许多细小的乳白色线虫。根结上还可产生细弱的新根,再度侵染则形成根结状肿瘤。病株地上部症状不明显,重病株植株矮小,叶片萎蔫,渐黄枯,严重时全株枯死。

(二)传染途径及发病条件 根结线虫以卵及幼虫随植株病残体在土壤中越冬,可通过种子、苗木、土壤、流水和包装材料远距离传播。土壤疏松、地势高燥、盐分低的地块适宜根结线虫活动,发病严重。

(三)防治技术 ①轮作。与抗耐病的蔬菜如大葱、韭菜、大蒜等轮作,水旱轮作效果更好。②选择无病土育苗,将苗床消毒后再育苗,或用草炭、塘泥、稻田土等无病土育苗,禁止移植病区的带病幼苗。③用水将重病田块淹10~15天,如在大棚中闷棚则效果更好。④药剂防治。每667平方米用10%粒满库5千克沟施或穴施,整地后3~5天再定植。发病初期,用1.8%阿维菌素乳油2000倍液,或50%辛硫磷乳油1800倍液,或90%敌百虫晶体800倍液,或80%敌敌畏乳油1000倍液灌根,每株灌药液0.2~0.3千克,在植株生长季节也可用1%海正灭虫灵乳油80倍液进行土表喷雾防治。

九、白斑病

(一)症状 该病主要危害叶片,红菜薹上时有发生,但不十分严重。染病后叶片上初生灰褐色近圆形小斑,后扩大为直径6~18毫米不等的浅灰色至白色不定形病斑,外围有浅绿色晕围或病斑边缘呈湿润状,潮湿时斑面呈灰色霉状物,即分生孢子梗和分生孢子,病组织变薄稍近透明,有的破裂成穿孔,严重时病斑连合成斑块,终致整叶干枯。

(二)病原及传播 该病病原 Cercosporella albo-maculans

(Ell. et Ev)sacc. 称白斑小尾孢,属知菌亚门真菌。主要以分生孢子梗基部的菌丝或菌丝块附着在地表的病叶上生存,或以分生孢子黏附在种子上越冬,翌年借雨水飞溅传播到叶片上,孢子发芽后从气孔侵入,引致初侵染。此病对温度要求不太严格,5℃～28℃均可发病,适温为11℃～23℃。长江中下游及湖泊附近菜区春、秋两季均可发病,尤以多雨的秋季发病较严重。

(三)防治技术　①选择种植抗病品种。华中农业大学育成的一批品种抗性均较强,如红杂50、红杂60、十月红一号、十月红二号等。②实行2～3年以上的轮作。③药剂防治。发病初期喷洒25%多菌灵可湿性粉剂400～500倍液,或40%多硫悬浮剂或50%甲基托布津可湿性粉剂500倍液,或50%混杀硫悬浮剂600倍液,每667平方米喷药50～60千克,间隔15天喷1次,共喷2～3次。

十、炭疽病

(一)症状　炭疽病主要危害叶片、花梗及种荚。叶片染病,初生苍白色或褪绿水浸状小斑点,扩大后为圆形或近圆形灰褐色斑,中央略下陷,呈薄纸状,边缘褐色,微隆起,直径1～3毫米;发病后期,病斑灰白色,半透明,易穿孔;在叶背多为害叶脉,形成长短不一,略向下凹陷的条状褐斑。叶柄、花梗及种荚染病,形成长圆或纺锤形至菱形凹陷褐色至灰褐色斑,湿度大时,病斑上常有粉红色黏状物。

(二)病原及传播　该病病原 Colletotrichum higginsianum Sacc. 科希金斯刺盘孢,属半知菌亚门真菌。以菌丝随病残体遗落土中或附在种子上越冬,翌年分生孢子长出芽管侵染,借风或雨水飞溅传播,病部产出分生孢子后进行再侵染,地势低洼、通风透光差的田块发病较重。每年发生期主要受温度影响,而发病程度则受适温期降水量及降雨次数多少的影响,属高温高湿型病害。

（三）防治技术 ①选用抗病品种，如红杂 60、红杂 70 等。②种子消毒。播前用 50℃温水浸种 10 分钟，或用相当于种子重量 0.4％的多菌灵可湿性粉剂拌种。③注意田园清洁，与非十字花科蔬菜隔离轮作。④选择地势较高、排水良好的地块栽种，及时排除田间积水，增施磷、钾肥。⑤药剂防治。发病初期开始喷 40％多·硫悬浮剂 700 倍液，或 70％甲基托布津可湿性粉剂 500～600 倍液，或 70％甲基托布津可湿性粉剂 1 000 倍液加 75％百菌清可湿性粉剂 1 000 倍液，或 80％炭疽福美可湿性粉剂 800 倍液，每隔 7～10 天喷 1 次，连续喷布 2～3 次。

第十七章 红菜薹主要虫害及其防治

一、菜粉蝶（Artogeia rapae L.）

别名菜白蝶、白粉蝶。其幼虫称菜青虫，青条子。属鳞翅目、粉蝶科。为世界性害虫，国内广泛分布。

（一）形态特征 成虫体长 15～19 毫米，翅展 35～55 毫米。体灰黑色，翅白色，顶角灰黑色，雌蝶前翅有 2 个显著的黑色圆斑，雄蝶仅有 1 个显著的黑斑。卵瓶状，高约 1 毫米，宽约 0.4 毫米，表面具纵脊与横格，初产乳白色，后变橙黄色；幼虫体青绿色，背线淡黄色，腹面绿白色，体表密布细小黑色毛瘤，沿气门线有黄斑，共 5 龄；蛹长 18～21 毫米，纺锤形，中间膨大而有棱角状突起，体绿色或棕褐色。

（二）为害特点及生活习性 幼虫食叶。2 龄前只能啃食叶肉，留下一层透明的表皮；3 龄后可蚕食整片叶片，轻则虫口累累，重则仅剩叶脉，影响植株生长发育，造成减产。虫粪污染叶片及产品器官，降低商品价值。虫口还能导致软腐病的发生。

各地发生代数，历年不同，长江中下游 1 年发生 5～8 代。各地均以蛹越冬，大多在菜地附近的墙壁、屋檐下或篱笆、树干、杂草残株等处，一般选在背阳的一面。翌年春 4 月初开始陆续羽化，边吸食花蜜边产卵，以晴朗的中午活动最盛。卵散产，多产于叶背。卵在 7℃以上开始发育，历时 5～16 天；幼虫在 6℃以上即可发育，历时 11～22 天；成虫寿命 5 天左右。菜青虫发育最适温度为 20℃～25℃，空气相对湿度为 76％左右。其发育有春、秋季两个高峰，即 4～6 月和 9～11 月。

（三）防治技术

1. **生物学防治** 用苏云金杆菌系列的 Bt 乳剂、青虫菌 6 号液、苏云金杆菌可湿性粉剂 500～1 000 倍液喷雾效果好。

2. 药剂防治　应在幼龄期用药,连续喷洒 2～3 次。可选用 80%敌敌畏乳剂 1 500～2 000 倍液,50%马拉硫磷 1 000 倍液, 50%杀螟硫磷 800～1 000 倍液,35%佐罗纳 800～1 000 倍液, 2.5%功夫乳油 2 000～3 000 倍液,20%速灭杀丁 3 000～4 000 倍液,2.5%天王星乳剂 3 000～4 000 倍液,20%灭扫利乳油 2 500～ 3 500 倍液,10%多来宝悬浮液 2 000 倍液,5%来福灵乳油 1 500 倍液,20%氰戊菊酯 3 000 倍液,25%快杀灵 2 000 倍液,4.5%高 效氯氰菊酯乳油 2 000 倍液,10%歼灭乳油 6 000～8 000 倍液。

二、菜蛾(Plutella xylostella L.)

别名小菜蛾,幼虫称吊丝虫,两头尖。属鳞翅目,菜蛾科。我 国南方该虫发生较北方重。

(一)形态特征　成虫为小型蛾子,体长 6～7 毫米,翅展 12～ 15 毫米,体翅灰褐色。前后翅狭长,缘毛很长,前翅后缘有三度弯 曲波状淡黄色带;停息时,两翅折叠成屋脊状,缘毛翘起如鸡尾,黄 白色部分则合并成 3 个相连的斜方块;卵椭圆形,长约 0.5 毫米, 宽 0.3 毫米,淡黄绿色;老熟幼虫体长 10 毫米左右,头黄褐色,胸 腹部淡绿色,体节明显,前胸背板上有淡褐色小点组成两个"V"字 形纹;蛹长 5～8 毫米,初为淡绿色,渐呈淡黄绿色,羽化前为灰褐 色,外被纺锤形网状薄丝茧。

(二)为害特点及生活习性　初孵幼虫钻入上、下表皮间,取食 叶肉,形成小隧道。2 龄后退出隧道,3～4 龄在叶背、心叶取食成 孔洞、缺刻,严重时仅剩叶脉,幼虫一遇惊扰就急骤扭动后退,吐丝 下垂。

该虫在长江流域 1 年发生 9～14 代,在北方以蛹越冬,在南方 无越冬、越夏现象,终年可见虫态。在长江以南地区 3～6 月份、 8～11 月份为 2 个为害高峰,秋峰大于春峰。成虫昼伏夜出,有趋光性。卵散产,多产于叶背近叶脉凹陷处。幼虫 4 龄,老熟后在叶背、枯叶上做茧化蛹。发育最适温度为 20℃～30℃。暴雨冲刷对卵和幼虫不利,初孵幼虫和刚出隧道幼虫对水滴非常敏感,故夏季多雨年份虫口明显降低。

(三)防治技术

1. 农业防治　菜蛾为寡食性害虫,实行轮作便可断其食物来源,这样即可有效控制虫口。

2. 灯光诱杀　5～11 月开灯,700 平方米安 1 盏诱虫灯。

3. 利用性引诱剂杀虫　用窗纱等制成 3 厘米×3 厘米×12 厘米小纱笼,悬挂于水盆上,用三角架设在田间,每 667 平方米设 6～8 个,每笼中装入初羽化雌蛾 2～3 头。用此方法可诱杀大量雄蛾。

4. 生物防治　微生物农药使用同菜粉蝶的防治。菜蛾颗粒体病毒防效亦好。

5. 药剂防治　菜蛾 1 年发生的代数多,世代重叠严重,故应抓紧防治,喷药要求细致周到,以叶背、心叶为主,药量要足。使用药剂同菜粉蝶的防治。

三、斜纹夜蛾(Prodenia Litura Fabricius)

别名莲纹夜蛾、莲纹夜盗蛾。属鳞翅目,夜蛾科。世界性害虫,国内广泛分布。

(一)形态特征　成虫为中型蛾子,体长 14～20 毫米,翅展 35～40 毫米,体深褐色;前翅灰褐色,斑纹复杂,在环形纹和肾形纹之间,由翅前缘向后缘外方有白色斜纹。雄蛾斜纹较粗,雌蛾为 3 条细斜纹。卵扁球形,直径 0.4～0.5 毫米,卵呈块状,由 3～4 层卵叠成,外被疏松灰黄色绒毛,卵块约黄豆粒大小。幼虫体长 35～47 毫米,头部黑褐色,胸部颜色变化大,常为土黄色、青黄色、灰褐色或暗绿色。从中胸至腹部第九节的亚背线各节内侧有近三角形的黑斑 1 对,其中第一、第七、第八腹节最明显。蛹长 15～20 毫米,赭红色。

(二)为害特征及生活习性　斜纹夜蛾是食性很杂的间歇性猖狂发生的害虫。在蔬菜中主要为害十字花科蔬菜、水生蔬菜及茄科蔬菜。初孵幼虫群聚叶背取食,2 龄后分散,4 龄后进入暴食期,被食叶片呈孔洞、缺刻。该虫也食害花蕾、花和果实,严重时能将叶吃成光秆。

该虫在长江流域 1 年发生 5～6 代,在 7～8 月份大发生。成虫夜间活动,飞翔力强,一次可飞数十米远,高达 10 米以上。该虫有趋光性,并对糖醋酒液及发酵的胡萝卜、麦芽、豆饼、牛粪等有趋性。成虫需补充营养,取食糖蜜的平均产卵 577.4 粒,未取食的只能产数粒。卵多产于高大、茂密、浓绿的边际作物上,以植株叶片背面叶脉处最多。幼虫 6 龄,为喜温性害虫,发育适温为 29℃～30℃。成虫出现早则当年虫情严重。

(三)防治技术

1. 诱杀成虫　①黑光灯诱杀。②糖醋酒液诱杀,将糖 6 份、醋 3 份、酒 1 份、水 10 份、90％敌百虫晶体 1 份调匀,置于瓦盆中,用三角架支于田间进行诱杀。③用甘薯、胡萝卜等煮水发酵制成糖醋酒液加敌百虫亦可。还可用杨树枝扎把诱蛾。此外,还可人工采集卵块和带幼虫叶片予以消灭。

2. 药剂防治　应在幼虫 3 龄前进行,若 3 龄前未治,则施药应在傍晚进行。可选用 5％抑太保乳油 1 500 倍液,5％卡死克乳油 1 500 倍液,20％米满悬浮剂 1 500 倍液,40％毒死蜱乳油 1 000 倍液,15％安打悬浮剂 3 500 倍液,10％除尽乳油 1 000 倍液,52.5％农地乐乳油 1 000～1 500 倍液,10％氯氰菊酯乳油 1 000 倍液,55％农蛙(毒·绿)乳油 1 000 倍液,15％菜虫净乳油 1 500 倍液,2.5％天王星或 20％灭扫利乳油 3 000 倍液,5％夜蛾必杀乳油 1 500～2 000 倍液,5.7％百树菊酯乳油 4 000 倍液等药剂喷布。

抑太保和卡死克必须在卵孵高峰期用药,其他药剂在幼虫3龄前喷雾。注意药剂交替施用。

四、菜螟(Hellula undalis Fabricius)

别名菜心野螟、萝卜螟、甘蓝螟、白菜螟、钻心虫等。属鳞翅目,螟蛾科。主要为害十字花科蔬菜。

(一)形态特征　成虫体长7毫米,翅展15毫米,灰褐色,前翅具3条白色横波纹,中部有一深褐色肾形斑,镶有白边,后翅灰白色。卵长约0.3毫米,椭圆形,扁平,表面有不规则网纹,初产淡黄色,以后渐现红色斑点,孵化前橙黄色。老熟幼虫体长12～14毫米,头部黑色,胴部淡黄色,前胸背板黄褐色,全背有灰褐色纵纹,各节生有毛瘤,中、后胸各6对,腹部各节前排8个,后排2个。蛹长约7毫米,黄褐色,翅芽长达第四腹节后缘,腹部背面有5条纵浅纹隐约可见,腹部末端生长刺2对,中央1对略短,末端略弯曲。

(二)为害特点及生活习惯　幼虫是钻蛀性害虫,为害蔬菜幼苗期心叶及叶片,受害苗因生长点被破坏而停止生长或萎蔫死亡,造成缺苗断垄,并能传播软腐病,导致减产。

菜螟在长江流域1年发生6～7代,以老熟幼虫在地面吐丝缀合土粒、枯叶做成丝茧越冬。翌年春越冬幼虫入土6～10厘米深做茧为化蛹。成虫趋光性不强,飞翔力弱。卵多散产于菜苗嫩叶上,每雌可产200粒卵。卵发育历期2～5天。初孵幼虫潜叶为害,隧道宽短,2龄后穿出叶面,3龄吐丝缀合心叶,在内取食,使心叶枯死并且不能再抽出心叶。4～5龄可由心叶或叶柄蛀入茎髓或根部。每虫可为害4～5株。此虫喜高温低湿环境,气温为24℃左右、空气相对湿度为67%时,为害最盛。

(三)防治技术

1. 农业防治　①深翻土地,可消灭一部分在表土或枯叶残株内的越冬幼虫。适当增加灌水,增大田间湿度,可抑制害虫生长发育。②适当灌水,增大田间湿度,有抑制害虫的作用。

2. 药剂防治 可选用21％增效氰·马乳油或40％氰戊菊酯3000～4000倍液,2.5％功夫乳油4000倍液,20％灭扫利乳油,2.5％天王星乳油3000倍液,20％菊·杀乳油2000～3000倍液,10％菊·马乳油1500～2000倍液,5％卡死克乳油3000倍液,5％抑太保乳油3000倍液,2.5％敌杀死乳油3000倍液,5％抑太保乳剂3000倍液,净叶宝1号1500倍液,5％锐劲特悬浮液2500倍液,24％万灵水剂1000倍液,重点喷心叶,效果均较好。最好将不同药剂交替使用,避免长期使用同一种农药而导致虫子产生抗药性。

五、菜蚜类

俗称腻虫、蜜虫。为害十字花科蔬菜的蚜虫主要有3种,即萝卜蚜、桃蚜、甘蓝蚜,均属同翅目,蚜科。因这3种蚜虫的形态特征、繁殖方式、生活习性、防治方法近似,故以萝卜蚜为代表予以较详细说明。

萝卜蚜(Lipaphis erysini kaltenbaeh)在国内外广泛分布,以十字花科蔬菜为主要寄主植物的寡食性害虫。主要为害叶片多毛、少蜡质的白菜、萝卜、油菜等十字花科蔬菜。

(一)形态特征 无翅孤雌蚜体长2.3毫米,宽1.3毫米,体绿色或墨绿色,胸腹部淡色无斑纹,表皮粗糙有菱形网纹。中额明显突出,额瘤微隆、外倾。腹管长圆筒形,顶端收缩。尾部有长毛4～6根。有翅孤蚜,体长1.6～1.8毫米,头、胸部黑色,腹部淡色。

(二)为害特点及生活习惯 蚜虫密集在寄主植物的叶背面、嫩梢、幼果上吸食汁液,造成叶片失绿、变黄、皱缩、萎蔫,嫩梢、嫩茎扭曲变形,幼苗生长停滞,甚至整株萎蔫枯死。蚜虫还是多种病毒病的传毒者,其传播为害通常大于其吸食为害。

该虫每年发生 15～46 代不等。长江流域 1 年发生 30 代左右,菜地终年可见。温暖地区以无翅孤雌蚜在蔬菜心叶等隐蔽处越冬,寒冷地区则以卵在叶上越冬。每年 5～6 月份、9～10 月份为害严重。其发育适温为 15℃～26℃,适宜的空气相对湿度为 75.8％以下。

(三)防治技术

1. **农业防治**　蔬菜收获后及时清理田间残株败叶,铲除杂草。

2. **物理防治**　利用蚜虫对黄色有较强趋性的原理,在田间设置黄板,上涂机油或其他黏性剂诱杀蚜虫。还可利用蚜虫对银灰色有负趋性的原理,在田间悬挂或覆盖银灰膜,每 667 平方米用膜 5 千克,可驱避蚜虫,也可用银灰遮阳网、防虫网防治蚜虫。

3. **药剂防治**　是目前的主要防治方法。防治蚜虫宜尽早用药,将其控制在点、片发生阶段。主要药剂有 10％金大地可湿性粉剂1 500 倍液,5％大功臣 1 200 倍液,10％四季红可湿性粉剂1 500倍液,10％高效灭百可乳油 1 000 倍液,40％乐果 600～800 倍液,50％避蚜雾2 000～3 000 倍液,10％吡虫啉可湿性粉剂2 000倍液,20％灭扫利乳油 2 000 倍液;40％氰戊菊酯 3 000～4 000 倍液,20％氯氰菊酯、20％氯菊酯、2.5％敌杀死、20％速灭杀丁乳剂3 000～4 000倍液,50％敌敌畏乳剂 800～1 000 倍液,50％马拉硫磷、50％杀螟硫磷1 000 倍液。

六、黄曲条菜跳甲(Phylltreta striolata Fabrieius)

别名黄曲条跳甲、黄条跳甲、跳格蚤、黄跳蚤、土跳蚤等。属鞘翅目,叶甲科。在国内广泛分布,主要为害十字花科蔬菜。我国为害十字花科蔬菜的黄曲条菜跳甲有 4 种,即黄曲条菜跳甲、黄宽条菜跳甲、黄直条菜跳甲和黄狭条菜跳甲。因为它们的为害特征、生活习惯、防治方法相似,故此处仅以黄曲条菜跳甲为代表予以介绍。

(一)形态特征 成虫体长约 2 毫米,鞘翅上的黄色条纹略呈弓形,外侧中间向内凹曲颇深。卵长约 0.3 毫米,椭圆形,淡黄色,半透明。老熟幼虫体长约 4 毫米,长圆筒形,黄白色,胸腹各节有不显著的肉瘤。蛹长约 2 毫米,椭圆形,乳白色,腹末有 1 对叉状突起,叉端褐色。

(二)为害特征及生活习性 黄曲条跳甲的成虫和幼虫均可为害。对十字花科蔬菜为害较重,亦可为害茄果、瓜类和豆类。成虫咬食叶片呈小孔,喜食幼嫩部分,幼芽受害后,不能继续生长,故幼苗常受害重,还可为害花蕾和籽荚。幼虫生活于土中,为害根部,啃食根皮,蛀成环状虫道,使地上部分由外向内逐渐变黄,萎蔫而死。萝卜受害时,地下部分被咬食成凹斑,称"麻萝卜",其味苦。

该虫在长江流域 1 年发生 5～7 代,以成虫在落叶、杂草中潜伏越冬。翌年春季气温 10℃以上开始活动,20℃时食量大增,春、秋两季大发生。成虫产卵于植株周围湿润土隙中或细根上,卵孵化要求高温,空气相对湿度不到 100%许多卵不能孵化。幼虫 3 龄,发育最适温度为 24℃～28℃。湿度高的地块,为害重于湿度低的地块。

(三)防治技术

1. 农业防治 ①清除菜地残株落叶,铲除杂草,消灭其越冬场所和食物。②播种前深耕晒土,造成幼虫不利的生活环境,还可消灭部分蛹。③铺设地膜,避免成虫把卵产在根上。

2. 药剂防治 在成虫发生期,可选用 90%敌百虫晶体 1 000 倍液,48%乐斯本 1 000 倍液,2.5%功夫 3 000 倍液,50%辛硫磷乳油 1 000 倍液,5%锐劲特悬浮剂 2 000 倍液,52%农地乐乳油 1 500 倍液,80%敌敌畏乳油 1 000 倍液,40%毒死蜱乳油 1 000 倍液于中午喷药防治成虫和幼虫。还可用辛硫磷 800 倍液或 50%二嗪磷乳油 800 倍液灌根,灌根药量要足。用艾美乐 1 000 倍液防治幼虫。

七、大猿叶虫(Colaphellus bowoingi Boly)

大猿叶虫属鞘翅目,叶甲科。别名白菜掌叶甲、乌壳虫、黑壳虫。幼虫俗称癞虫、弯腰虫。全国各地都有发生,主要为害十字花科蔬菜。

(一)形态特征　成虫体长4.7～5.2毫米,宽2～5毫米,长椭圆形,蓝黑色,略有金属光泽,背面密布不规则的大刻点。小盾片三角形。鞘翅基部宽于前胸背板,并且形成隆起的"肩部"。后翅发达,能飞翔。卵长椭圆形,大小为1.5毫米×0.6毫米,鲜黄色,表面光滑。末龄幼虫体长约7.5毫米,头部黑色有光泽,体灰黑色稍带黄色,各节有大小不等的肉瘤,以气门下线及基线上的肉瘤最明显。蛹长约6.5毫米,略呈半球形,黄褐色。腹部各节两侧各有1丛黑色短小的刚毛。腹部末端有1对叉状突起,叉端紫黑色。

(二)为害特点及生活习性　成虫和幼虫均食菜叶,并且群聚为害,致使叶片千疮百孔,严重时吃成网状,仅留叶脉。

该虫在我国北方1年发生2代,长江流域2～3代,广西5～6代,以成虫在表土下5厘米处越冬,少数在枯叶、土缝、石块下越冬,翌年春开始活动。卵成堆产于根际地表、土缝或植株心叶,每堆20粒左右。每雌可产200～300粒。成虫、幼虫都有假死习性,受惊即缩足落地。成虫和幼虫皆日夜取食。成虫平均寿命达3个月。春季发生的成虫,当夏初气温达26.3℃以上时,即潜入土中或草丛阴凉处越夏,夏眠期达3个月左右,8～9月份气温降至27℃左右又陆续出土为害。卵发育历期3～6天。幼虫约20天,共4龄;蛹期约11天。每年4～5月份和9～10月份为2次为害高峰,以秋季在白菜上的为害更严重。

(三)防治技术

1. **农业防治**　秋、冬结合施肥,清除菜田残株败叶,铲除杂草,可消灭部分越冬虫源及减少早春害虫的食料。

2. **药剂防治** 防治成虫可喷洒 50％辛硫磷乳油 1 000 倍液或 90％敌百虫晶体 1 000 倍液,或 5％锐劲特悬浮剂 2 000 倍液,或灭杀毙(21％增效氯·马乳油)3 000 倍液,或 20％菊·马乳油2 000～3 000 倍液,或 25％增效喹硫磷乳油 1 000 倍液等药剂。还可用辛硫磷、敌百虫药液灌根以防治幼虫。

八、大青叶蝉(Tettigella viridis Linne)

俗称大浮尘子、青头虫。属同翅目,叶蝉科。国内广泛有分布。可为害十字花科、豆科等植物。

(一)形态特征 成虫体长 7.2～10.1 毫米,体青绿色,头黄绿色,头顶后缘有 1 对不规则多边形黑斑,前翅绿色带青蓝色,尖端透明。胸部、腹部、腹面橙黄色。若虫似成虫,初孵时灰白色,后变为淡黄色,胸、腹背面有 4 条褐色纵带。

(二)为害特征及生活规律 1 年发生 3 次。以卵在植物表皮下越冬。翌年 4 月孵化。春、秋两季在十字花科等多种蔬菜上为害。其成虫、若虫以刺吸式口器吸食寄主植物汁液,造成失绿,严重时造成植株枯萎。菜地常见,但为害较轻。

(三)防治技术 ①灯光诱杀成虫。②药剂防治。应抓紧在若虫期防治,用 20％巴沙乳剂 800～1 000 倍液,或 20％叶蝉散乳油500 倍液,或 20％速灭威乳剂 800～1 000 倍液喷雾。

为害蔬菜的叶蝉还有棉叶蝉、白翅叶蝉、小绿叶蝉、黑尾叶蝉和二等叶蝉等,其防治方法均同大青叶蝉。

附　录

红菜薹育种繁种中性状记载标准探讨

晏儒来

（此文曾刊载于《长江蔬菜》1990 年第三期,随着近 20 年来红菜薹研究的深入和生产实践的检验,笔者感到原文有些地方不够全面,经稍作修改作为本书附录,对读者仍有参考价值。）

1. 物候期

1.1 播种期　播种的日期。

1.2 定植期　移栽到大田的日期。

1.3 初生莲座叶形成期　即现蕾期。

1.4 抽薹期　菜薹快速抽出的时期。

1.5 初收期　20％植株开始采收的日期。

1.6 盛收期　80％以上植株已开始采收的日期。

1.7 侧薹始收期　20％植株开始采收侧薹。

1.8 侧薹盛收期　80％植株已采收侧薹。

1.9 采收末期　最后一次采收的日期。

2. 植物学性状

2.1 叶　在主、侧、孙薹采收时分别记载。

2.1.1 初生莲座叶形态　可分为圆、长圆、心形和三角形。

次生莲座叶形态　可分为三角形、披针形、长圆形和圆形等。

再生莲座叶形态　同上。

2.1.2 叶色　可分为亮绿、绿、暗绿和紫绿等色。

2.1.3 叶脉色　分为白、绿、红、紫红等色,分别记载叶柄、叶主脉和侧脉等部位。

2.1.4 叶柄长　分别记载初生莲座叶、次生莲座叶、再生莲座叶和薹叶的叶柄长。

2.1.5 叶数　各级叶数。

2.2 薹

2.2.1 薹长　于采收时测量,用厘米表示,测 20 薹取平均值。

2.2.2 薹粗　于采收时用卡尺测量,也可用直尺测量切口,测 20 薹取平均值。

2.2.3 薹重　于采收时计薹数,称重,取平均值,以克表示。

2.2.4 薹色　分淡红、鲜红、紫红、粉红或下红上绿等色。

2.2.5 蜡粉　有或无。

2.2.6 薹数　各级薹数。

3. 产　量

红菜薹的产量主要由薹数和薹重构成。薹数受品种、栽培季节和栽培条件的影响;而薹重则由薹重和薹叶重组成,薹重受薹的长度和粗细制约,薹叶重也受叶长和叶宽所制约。因此,薹数、薹重、薹长、薹粗、薹叶长、薹叶宽都是应记载的产量构成因素。

3.1 薹数　记载主薹、侧薹、孙薹数即可。

3.1.1 主薹　每株 1 根。现有品种主薹就其生长状况,大致可分为正常型、半退化型和退化型 3 类。薹叶在 5 片以上者大多属于正常型,3～4 者为半退化型,1～2 片者为退化型。退化型主薹很小对产量没多大价值,且品质差,宜早掐去。正常型者,发育正常,比侧薹粗大或与侧薹相当。半退化型者介于退化与正常之间,可据其发育状况确定取舍。于主薹采收时记载。

3.1.2 侧薹数　即子薹,或一级分枝,每株 5～11 根,由初生莲座叶叶腋中抽出,是红菜薹产量的主要构成因素,其产量占总产量的 6～7 成。侧薹的多少与初生莲座叶的叶数呈正相关。早熟品种侧薹较少,晚熟品种侧薹较多。于孙薹采收中期记载。

3.1.3 孙薹数　又叫二级分枝,每株 5～30 根不等,从次生莲座叶腋中抽出,其多少受品种和栽培条件影响大,也与种植季节、侧薹多少有关。于采收结束前记载。

3.2 薹重　即单薹的重量,以克表示。根据人们的的食用习惯和烹调的要求,主、侧薹平均重 30～70 克,孙薹平均重20～40 克较好。于采收时称重记载。

3.2.1 薹长　薹的长度,于正常采收期测量,以厘米表示,取20 根平均值。

3.2.2 薹粗　薹的粗度,于正常采收期测量横切面,以厘米表示,取 20 根平均值。

3.3 薹叶重　即附在薹上的叶片重量,于正常采收期测量。取 20 根薹的最大薹叶测量,取平均值。以克表示。

3.3.1 薹叶长　取 20 根薹每薹测量 1 片最大薹叶的长度,取平均值,以厘米表示。

3.3.2 薹叶宽　测量方法同上。

3.4 菜薹整齐度　以薹长短、粗细、整齐一致为好。以整齐、较整齐和不整齐表示。

3.5 分枝性　是指菜薹在采收前由薹上腋芽抽出分枝的能力。分枝性的强弱虽对产量影响不大,但对市场销售的商品性"卖相"有一定影响。商品菜薹上最好没有分枝。在菜薹采收时记载,可分为多、少、无 3 类。

4. 熟　性

熟性是指自播种至开始采收时间的长短,以天数表示。根据原有农家品种和近 20 年来各地新育成品种的始收期天数,将其分为极早熟、早熟、早中熟、中熟、中晚熟、晚熟和极晚熟等 7 类。

4.1 熟性分类

4.1.1 极早熟品种　播种后 50 天以内开始采收,有红杂 40、红杂 50、湘红九月、鄂红一号等品种。

4.1.2 早熟品种　播种后 51~60 天开始采收,有华红一号、华红二号、早红一号、湘红一号、五彩红薹一号等品种。

4.1.3 早中熟品种　播种后 61~70 天开始采收。有红杂 60、十月红一号、十月红二号、湘红二号、五彩紫菜薹二号、鄂红二号、成都尖叶子等品种。

4.1.4 中熟品种　播种后 71~80 天开始采收,有红杂 70、绿叶大股子、武昌胭脂红、阉鸡尾、一窝丝、华红五号等品种。

4.1.5 中晚熟品种　播种后 81~90 天开始采收,有红叶大股子、成都胭脂红、湘红 2000 等品种。

4.1.6 晚熟品种　播种后 91~100 天开始采收,有成都阴花红油菜、宜宾摩登红等品种。

4.1.7 极晚熟品种　播种后 100 天以上才开始采收,有武汉迟不醒、长沙迟红菜等品种。

4.2 熟性构成性状

4.2.1 真叶出现的快慢　子叶展开至第一片真叶展开所需的天数。

4.2.2 莲座叶形成的速度　即定植至现蕾所需的天数。

4.2.3 现蕾的快慢　自播种至植株现蕾所需天数。天数越少,则熟性越早。

4.2.4 植株抽薹的快慢　播种至开始采收的天数。天数少为早熟,多则为晚熟,详见熟性分类。

4.2.5 开花迟早　一般品种开第一朵花即表示菜薹要采收了,但也有一些较晚熟的品种,菜薹未抽出来就开始开花。

4.2.6 菜薹生长速度　菜薹自现蕾至采收所需天数。主、侧、孙薹分别记载。其快慢与品种(或株系)熟性、外界温度和栽培条件有关。

5. 品　质

品质包括感官特性和食用品质两个方面。

5.1 感官特性　又包括外观、质地和风味等内容。

5.1.1 外观　即商品性，又包括菜薹的长短、粗细、颜色、形状、光泽和有无缺陷等。

薹长：用尺测量，品种间差异很大，到底以多长为好，一般以25～35厘米为好，太长则薹食用品质下降，太短则产量欠佳。35厘米以上为特长，25厘米以下为短。

薹粗：用卡尺测量，或用直尺测横切面，以1～2厘米横切面较受欢迎，为中粗，2厘米以上为特粗，1厘米以下为细。

薹重　以30～70克为较好。

薹色　记载色泽是否鲜艳，上下是否均匀一致，是否有光泽和有蜡粉。以色泽鲜艳一致且较粗壮为好。

薹形　记载上下粗细是否较均匀、是否有棱，是否为纤细，主薹是否退化。

薹叶　商品薹上的叶片大小、形态。大小以长×宽记载，形态可分为三角形、披针形和长圆形等。以薹叶较小为好。

5.1.2 质地　主要指成熟薹的紧实度、脆嫩性或软绵、韧性，用新鲜菜薹炒熟后，请3～5人品评。

5.1.3 风味　指薹食味是否有甜、酸、苦、辣、涩味和特殊的芳香味、怪味等。可在田间口评或炒食后口评，由3～5人评定。

5.1.4 易炒熟性　指是否容易炒熟、易软。

5.2 营养价值　指主要营养成分的含量，可测定碳水化合物、蛋白质、脂肪、维生素、矿物质等。

5.2.1 干物质　用化学分析法测定。

5.2.2 蛋白质　用化学分析法测定。

5.2.3 含糖量　用化学分析或测糖仪测定。

5.2.4 维生素 C　用化学分析法测定。

6. 抗逆性

6.1 抗病性 指对霜霉病、软腐病、病毒病、黑斑病及根肿病的抗性,一般可分为免疫、高抗、中抗和不抗 4 个等级。

6.2 抗虫性 主要记载对蚜虫的抗性。

6.3 抗热性 于 8～9 月份连续大晴天开始发生萎蔫时,比较各品种或株系的抗性。

6.4 耐旱性 于连续多日干旱时注意观察植株萎蔫的程度。

6.5 耐寒性 在产生冻害的年份观察各品种或株系的耐寒性。

6.6 耐渍性 遇短期水淹不死苗。

7. 品种纯度观察

7.1 株形 植株形态一致,生长整齐。

7.2 叶 不同植株莲座叶形态、叶数、叶色一致。薹叶形态大小、叶数较一致。

7.3 抽薹时间 不同植株主、侧薹抽出和开始采收的时间较一致。

7.4 薹形 不同植株主、侧薹的长短、粗细较一致。

7.5 自交不亲和指标 花期自交亲和指数小于 1,系内株间亲和指数小于 2,蕾期自交亲和指数大于 10。

7.6 雄性不育系不育率 核不育率 50%,质核不育率 100%。

2009 年 1 月 17 日

参考文献

[1]　张日藻,刘砾善.十月红一、二号红菜薹新品种选育报告.华中农业大学园艺系内部资料,1981(12).

[2]　向长萍,等.紫菜薹雄性不育系的选育和应用.中国蔬菜,2000(5).

[3]　徐跃进,王杏元,洪小平.不同氮素水平和密度条件下红菜薹的光合速率.湖北农业科学,1997(6).

[4]　陈战鸣.多效唑对紫菜薹性状及产量的影响.长江蔬菜,1992(3):32-34.

[5]　邱正明,等.杂交红菜薹新组合鄂红2号.湖北农业科学,2005(1).'

[6]　赵新春,邱孝育,王汉舟.红菜薹新品种紫婷二号.长江蔬菜,2007(6).

[7]　吴朝林,等.早中熟红菜薹杂种一代湘红二号的选育.湖南农业科学,1998(5).

[8]　吴朝林,陈文超.中国紫菜薹地方品种初步研究.作物品种资源,1997(3).

[9]　林明光.紫菜薹栽培技术.福建农业科技,1998(4).

[10]　付蓄杰.紫菜薹北方引种可行性探讨.中国林副特产,2001(2).

[11]　饶璐璐,王岩.红菜薹在北京的栽培.蔬菜,1991(4):10-11.

[12]　徐新生.鲁中地区杂交红菜薹制种技术.长江蔬菜,2003(4).

[13]　刘红光,等.紫菜薹高产制种技术.农业科技通讯,

2002(3).

　[14]　曹流.洪山菜薹古今谈.四川烹饪高等专科学校学报,2004(3):18-19.

　[15]　谢长文.中稻田可种一季红菜薹.湖南农业,2000(8).

　[16]　李锡香,肖春英.播种期与红菜薹品质和产量的关系.中国蔬菜,1987(2).

　[17]　陈军.红菜薹早熟丰产问题探讨.湖北农业科学,1980(10).

　[18]　龚成柄.红菜薹的历史与栽培技术.武汉蔬菜科技,1982(1)

　[19]　李家文.中国白菜.北京:中国农业出版社,1984.

　[20]　松尾(日),扣麟(中),等译.育种手册.上海:上海科学技术出版社,1986.

　[21]　吕佩珂,等.中国蔬菜病虫原色图谱.北京:中国农业出版社,1992.

红菜薹原种圃

红菜薹育种试验大棚

红菜薹种子生产基地

红菜薹育种课题组成员

责任编辑：刘真文
封面设计：吴大伟

红菜薹优质高产
栽培技术

ISBN 978-7-5082-5937-6
定价:9.00元

ISBN 978-7-5082-5937-6